君もガリレオになる

『新科学対話』（動力学）：落下運動を図形幾何で解き明かす

大島　隆義

はじめに

　「ピサの斜塔の実験」で重さにかかわらず、すべての物体は同時に落下することを確認、実証するガリレオ。宗教裁判により地動説を撤回させられながら、「それでも地球は回っている」とつぶやくガリレオ。ニュートン力学の形成に至る大きな道筋をつけ、「近代科学の父」とよばれるガリレオ。

　逸話が多く誰もが知る、ファーストネームで呼ばれる歴史上の人物、**ガリレオ・ガリレイ (Galileo Galilei)** は、1564 年にイタリア、ピサで生まれ、近代科学、特に力学や天文学の創成に重要な役割を果たし、1642 年 78 才で死去。

　そのガリレオが自分の力学研究の成果をまとめたのが『新科学対話』(1638 年)であり、4 日間にわたる 3 人による「対話」形式で構成され、ガリレオの考え、発見を述べたもので、静力学 (第 1, 2 日) ならびに動力学 (第 3, 4 日) を扱っている。

　本書は、この『新科学対話』の動力学の部、物体の落下運動を対象とする (静力学については近年加藤勉さんによる読みやすい翻訳本が出版されている)。

　『新科学対話』を読むとガリレオの発想や思考の凄さに驚き、感嘆し、唸ってしまう。ガリレオは「等速度運動」と「等加速度運動」を定義、導入して、自由落下する物体の運動、斜面を降下する運動を解き明かし、その後、投げ出された物体は放物線軌道を描くことを証明する。われわれにとっては常識である事柄だが、それらを確立したのがガリレオなのである。

　しかし、ガリレオが生きていた当時は近代科学の黎明期であり、それは自然哲学とも呼ばれて、代数学も科学研究に活用できるにはいまだ未発達であった時代である。いわんや、現代の「力学」の言葉である微分・積分学の登場は『新科学対話』の発刊より約 50 年あとのことだ。現代からみれば充分な道具立てのない時代に、ガリレオはこれらの運動を解き明かしたのである。

　それは、**幾何学**的なアプローチによってであった！

　いまのわれわれが学校で学ぶ幾何学と初等数学である。これに少しひねりを加え、力学の視点で論理を進めるのである。

　では、加速度、速度、距離、そして時間という運動に関するこれら力学量の関係を幾何学でもってどのようにとり扱ったのであろうか？

　ニュートン (Isaac Newton, 1642-1727) も自分の力学を世に問う著作『自然哲学の数

学的緒原理』、略称『プリンキピア』（1687年）において微分方程式を活用するよりも、多くの人に理解されている幾何学でもって説明したと聞く。

　幾何学が自然科学のことばであった時代である。運動の法則を幾何学でもってどのように導いたのであろうか？　はたして読者諸氏は想像がつくであろうか？

　本書はこの問いかけに焦点を当てたものである。

　では、力学に対する幾何学的なアプローチがどんなものか、ちょっとした実例を挙げて眺めてみよう。たとえば、

「物体が斜面の高さは等しいが傾斜角の異なる平面を降下するとき、底面での速さ v は相等しい」

すなわち、

$$v_A = v_B = v_C$$

である。

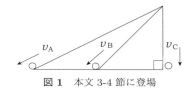

図 1　本文 3-4 節に登場

また、

「鉛直に立った円の最高点 A あるいは最下点 G と円周上の任意の点を結ぶ斜面を考える。それらの斜面を降下するに要する時間は互いに等しい」

すなわち、

$$t_{AB} = t_{AE} = t_{BG} = t_{EG} = t_{AG}$$

である。

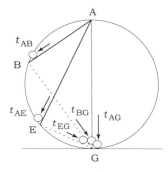

図 2　本文 4-2 節に登場

　これらはガリレが『新科学対話』のなかで導き出した命題（定理）である。こういった法則をどうやって図形幾何で証明するのか、それを本書では丁寧に解き明かしていきたい。

　多くの若者が一度は読んでみようかと思う古典の一つが、この『新科学対話』であろう。

　大部の学術書を別にすれば、『新科学対話』についての多くの記事は振り子の等時性などの逸話や力学史におけるガリレオの貢献についての断片的な記述で構成されてい

て、『新科学対話』の核心部である幾何学による落下運動のとり扱いについて真っ正面からとり組んだものを著者は知らない。

そこで、本書は、『新科学対話』の核心部である**図形幾何のアプローチを通して物体の落下運動を解き明かしてゆく、実に面白く、またわれわれにとっては斬新でさえあるガリレオの手法をできるかぎり平易に解説する**。現代の力学やニュートン力学の言葉（考え方や数式、公式など）に拠らずに、ガリレオの当時の道具立てのみを基本的に用いて、ガリレオの手法をわかりやすくよみがえらせ、再現して追体験させる。また、『新科学対話』で論じられたガリレオの力学観に注目し、なぜガリレオは質量 m の着想や重力加速度 g の発見に至らなかったのかといったテーマでそれらについて考察を試みる（第 7 章）。

本書は科学史の研究書でもなければ、また『新科学対話』の現代訳を目指すものでもない。歴史に埋もれ、われわれの手が届かなくなった古文書『新科学対話』を、上に述べた観点からいまによみがえらせる試みである。

本書は、高校で学ぶ基礎知識で充分に理解できる。

ガリレオの手法をマスターしても何の役にも立たないが、大変面白い。

多くの人は微分や積分を毛嫌いし、「ニュートンの運動方程式」と聞くだけで拒否反応を起こす。だが、幾何学は図形という目に見えるものを扱うので、逆に親しみを感じるのではなかろうか。相似や合同などといって、幾何図形をいろいろとひねくり回して問題に挑み、解けたときは実にうれしい。

本書では、ガリレオが証明する運動の規則を「問」として掲げる方針を採った。なぜなら、単に読み進めるのでなくて、そこで一度留まり、読者がガリレオとなり自身で回答を試み、楽しんでほしいと願ったからである。

学校の休み時間や仕事の行き帰りの電車の中で、鉛筆と紙をもって、それらの証明に挑戦してもらえたら、著者冥利に尽きる（巻末に計算用紙あり）。

さあ、この本とともに君もガリレオになろう。誰もが『新科学対話』をわかりやすく読み進められるよう、著者はできるかぎりの配慮でガリレオの思考を追体験できるようにフォローしていきたいと思う。

目　次

はじめに i

第 1 章　古文書としての『新科学対話』　　　　1
1-1　歴史における役割 1
1-2　「斜面の実験」が近代科学の道をひらく 2
1-3　君もガリレオになる 6

第 I 部　幾何で解く落下運動　　　　11

第 2 章　運動様式　　　　13
2-1　ガリレオ、「等速度運動」と「等加速度運動」を定める 13
2-2　ガリレオ、「等加速度運動」では距離は時間の平方に比例することを導く　16

第 3 章　視点　　　　20
3-1　ガリレオ、距離と時間を正比例の関係に組みかえる 20
3-2　ガリレオ、自由落下を図形化する 23
3-3　ガリレオ、＜力のつり合い＞から＜斜面の力の規則＞を導く ... 26
3-4　ガリレオ、＜速さ一定の法則＞を証明する 32

第 4 章　3 角形　　　　40
4-1　ガリレオ、辺の長さで降下時間と距離を求める 40
4-2　ガリレオ、3 角形と円を組み合わせて運動を美しく解明する ... 43
4-3　ガリレオ、苦もなく初速度をもつ降下運動に対処する 50

第 5 章　放物線　　　　57
5-1　ガリレオ、放物線の初歩的な 2 命題を導入する 57
5-2　ガリレオ、水平「等速度運動」と鉛直「等加速度運動」の合成は放物線
　　　軌道を描くことを示す 63

5-3 ガリレオ、速さにも時間にも距離にも尺度基準として共通の辺の長さを
    与える 67
5-4 放物線運動のガリレオ流扱い方 71
5-5 ガリレオ、放物線軌道を具体的に解析してみせる 77
5-6 ガリレオ、図形幾何から数値計算へと展開する 92

第 II 部　ガリレオの凄さとその力学の面白さ　　97

第 6 章　これが「斜面の実験」だ　　98
6-1 ガリレオ、距離を定めて時間を水量で測定する 98
6-2 科学史上の最もすばらしい実験のひとつ！ 101
6-3 運動は時間の流れの中で 105

第 7 章　ガリレオを阻むもの　　108
7-1 ガリレオを「質量 m の着想」から阻むもの 108
7-2 ガリレオを「重力加速度 g の発見」から阻むもの 111
7-3 ニュートンを肩に乗せたガリレオ 115

付　録　　123

付録 A　距離と時間と速さと辺の長さ　　124
付録 B　問 14-18 (p.54- 56) の解法　　130

あとがき　　135

資料文献　　137

索　引　　139

#　第 1 章

古文書としての『新科学対話』

1-1　歴史における役割

　西欧では 16 世紀にはじまる科学革命以前においては、古代ギリシアの哲学者アリストテレス (Aristotle, 紀元前 384-322) の自然観が主流を占めていたようだ。たとえば、物体の落下運動については重いものほど速く落下し、その速さは物体の重さに比例する、と。また、慣性の認識に至らなかったため物体が運動を続けるためには絶えず外から力がはたらいていなければならない、と考えられた。物体の運動を観察し、そこから自然界を支配する原因を思索した結果であろう。

　アリストテレスは地上のあらゆるものは土、水、空気、火の 4 元素からつくられ、天上界はエーテルとよぶ 5 番目の元素でできていると唱えた。さらに、月、太陽、諸惑星は地球を中心とし、それぞれの天球とともに回転運動をしていると考えた。この天動説もアリストテレスの多くの活動成果のひとつである。

　アラブ世界に受け継がれていた古代ギリシアの学問が 12 世紀ごろに西欧に流入して、ルネッサンスがはじまった。このとき、アリストテレスの哲学が体系として導入され、12, 13 世紀にキリスト教神学と結合した。その結果、アリストテレスの考えは自然科学のみでなく、哲学や思想的にも堅固な構築物として不動の地位を確立する。このため、近代自然科学の構築への重要な一歩はこのアリストテレスの自然観の克服であったようだ。

　しかしながら、いまからほぼ 2,300 年以前にいまで言う自然科学も含むひとつの論理体系をつくりあげたギリシア人の偉大さを、まず驚嘆とともに高く評価すべきであろう。

　精度よい定量的測定が可能でなかった当時の技術力、ならびに解析的な数学が未発達であったことを思えば、現代から見ていろいろな過ちがあるのも仕方ない。物体の運動についての理解には力学を習わない現代人も観念的には同じような考えに至るところがあり、頷くところがある。

　たとえば、落下運動をみると、落下の速い遅いにまず注意がひかれる。実際には落

下距離が短くあるいは落下が速く、落下速度の変化（加速度）の様子までは詳（くわ）しく見てとれないし、また、重い物体ほど速く落下すると感覚的に捉えるかもしれない。

その結果、上に記したようなアリストテレスの考えに同意することになるだろう。

アリストテレスの考えに疑問を抱いたガリレオが、ピサの斜塔から重さの違う2つの物体を落下させ、それらが同時に地面に達するのを確認した逸話は有名だ。

とはいえ、この発想はガリレオの創始というわけでもないらしく、著者が調べてみたところガリレオ以前に、ビザンチンの学者ヨアネス・フィロポヌスはすでに6世紀に、重さの違う物体を同時に落下させても時間差は感知できないことを見い出し、また、オランダの数学者ステヴィン（Simon Stevin, 1548-1620）は1586年に、10倍も重さの違う物体を落下させてもほぼ同時に着地すると報告している。

また、ガリレオ以降では、1657年にイギリスの物理学者フック（Robert Hooke, 1635-1701）は性能のいい空気ポンプを考案し、びんの中を真空にして硬貨と羽毛を同時に放し、同時に落下してゆくのを観測した。すなわち、空気抵抗がなければ、すべての物体は同じ速度で落下することを実験で確かめたのである。

このような歴史の流れを踏まえるとアリストテレスの力学が正しくないことが証明されたことにより、直（ただ）ちにつぎの新しい力学が登場するわけではない。それにはガリレオによる新しい原理にもとづく飛躍が必要であった。

それが『新科学対話』なのである。

1-2　「斜面の実験」が近代科学の道をひらく

「How」と「Why」

科学は「Why」を追求するものでなく、「How」を研究するものといわれる。

「なぜ」物は落下するのか？ ではなく、「どのように」落下するのか？ が科学の研究対象ということだ。

物体が落下するのはそれが本来あるべき地上に戻ろうとするから、であるとアリストテレスは唱えたということだが、これは「Why」に対する答えである。運動目的や存在理由を問うもので、自然科学でなく哲学や宗教的思索の視点をとっているわけだ。

一方、ニュートンは物体の間には万有引力がはたらき、その力の大きさは両者の距離の2乗に反比例し、かつ両者の質量の積に比例して、その向きは両者を結ぶ線上にあることを定式化した。はたらく引力を定量的に定めることによって、物体の落下運動を数学的に定式化できるわけだ。これが「How」であって、現代の科学は、「ものが

落ちる究極の原因はなにか」、「万有引力はなぜそのようにはたらくのか」といった事柄には関知しないのである。

　科学の役割は、自然界の振る舞いについてその仕組み (How) を解明することなのである。

　ちなみに、この意味で仕組み＝メカニズムであって、力学は mechanics（メカニクス）となる。

　自然はわれわれの思いや考えで左右されるものでなく、それらとは無関係に振る舞う。したがって、その仕組みを知るにはまず観測することが第一歩である。さらには、われわれが制御するもとで対象とする現象を起こし、計画的に観測を行うこと、そう、実験を行うことだ。

「ピサの斜塔の実験」から「斜面の実験」へ

　前述した「ピサの斜塔の実験」に代表される落下物体の観測によるアリストテレス力学への反証は、人類の大きな一歩であった。重いものほど速く落下するのではなく、同じ高さから同時に手放されたあらゆる重さの物体はそれらの重さに関係なくほとんど同時に地上に達する。

　しかしながら、この結果は落下運動の仕組みを解き明かすには、科学的な一歩としては不充分であった。数量的な測定でないため、力学的な落下の様子「How」が不明のままである。

　落下の速さは落下距離とともに速くなるのか？あるいは、時間とともに速くなるのか？そうではなく、ある距離だけ落下すれば速さは増加せず、一定のままで落下を続けるのであろうか？また、物体が地表に達するのにどれほどの時間が必要なのか？落下距離と落下時間には何か特別な関係があるのか？さらには、落下運動を理解する最適な量は速さと距離なのであろうか？こういった問いを立て、それに答えていくことが近代科学の形成には必要であった。

　ここでガリレオは近代科学への道を拓くことになった実験を実施する。「斜面の実験」である（詳しくは第6章で論じる）。

　鉛直落下では速度が速過ぎ、精度の高い測定がむずかしい。そこで、斜面に沿って球を降下させて重力の影響を弱め、速度を小さくする。手を離れて鉛直方向に自由に落下する運動（自由落下運動）を理解するために、自由落下を妨げる斜面を活用するのである！

　その結果、物体の降下距離 ℓ は時間の平方 t^2 に比例して増加する

$$\ell \propto t^2 \tag{1.1}$$

ことをガリレオは見い出す（∝ は比例を示す記号である。無限を示す ∞ と間違わないように）。

これは、ある一定の時間間隔 $\Delta t^{1)}$ ごとの降下距離 $\Delta \ell$ は、はじめの降下距離を単位にとれば、「1 ではじまる奇数列」（1, 3, 5, 7, 9, …）を構成する[2]。奇数列 1, 3, 5, 7, 9, … は公差が 2 の等差数列[3] であって、速さ $v(\Delta\ell/\Delta t)$ は距離の時間変化率（ここではそれが奇数列）であるので、これは降下の速さ v は時間 t に比例して増加する

$$v \propto t \tag{1.2}$$

ことを示す。すなわち、速さの時間変化率（ここではそれが公差）が一定であることを意味する。速さの時間変化率が加速度であるのだから、これは加速度が一定の運動であって、「斜面の降下」は「等加速度運動」であることを見い出した。

現代の自然科学、特に力学はこのガリレオの「等加速度運動」の発見にはじまるといえるだろう。

学校で学ぶ「落体の運動」

上の「等加速度運動」をわれわれが学校で学ぶ形で記しておく。すなわち、ニュートン力学による地上の「落体の運動」である。

手から離れた物体は重力に引かれて落下し、その速さ v は時間 t に比例し、落下距離 ℓ は時間の平方に比例して増加する。

代数式で表すと

$$v = gt \tag{1.3}$$

$$\ell = \frac{1}{2}gt^2 = \frac{1}{2}vt \tag{1.4}$$

である。ここで g は重力加速度であり、$g = 9.8$ (m/s^2) である。なお、ガリレオは重力加速度 g の定量的発見には至らなかったようだ（その理由を 7-2 節で論じた）。

---

[1] 本書では Δt を無限小の時間間隔と考える必要はない。また、Δt は現代の数学記号であり、ガリレオの用いた記号ではない。

[2] 時間間隔 $\Delta t = t_2 - t_1$ を 1 単位（秒）とすると、$\Delta \ell$ は 1 秒ごとの降下距離を示す。$\ell \propto t^2$ であるので、

$$\Delta \ell = \ell_2 - \ell_1 \propto t_2{}^2 - t_1{}^2 = (t_2 + t_1)(t_2 - t_1) = 2t_1 + 1$$

と書ける。最終式には $t_2 = t_1 + 1$ を代入する。これは、時刻 $t_1 = 0, 1, 2, 3, \ldots$ に対し $\Delta \ell = 1, 3, 5, 7, \ldots$ と 1 ではじまる奇数列となる。

[3] どの隣り合う 2 つの数（項）をとっても、それらの差（公差）は一定の値、ここでは 2、をもつ数の並び（数列）のこと。

定義、公理、定理、系と公準、そして命題

　われわれが「科学」とよぶこの当時の「自然哲学」は、考えの流れを論理的な構成としてしっかりと前面に出す。

　本書では堅苦しく感じられないように論理構成を示す用語の使用を極力避けるが、ここで少しだけ説明する。この機会に覚えておくのもいい。

　まず、対象となるものの意味内容をはっきりと定めること、**定義**である。

　たとえば、はじめに「等速度運動」と「等加速度運動」を明確に定義する。これが議論の出発点になる。

　つぎに、定義から自明のものとして証明なしに導かれる道理（りくつ）を得る。これが**公理**だ。

　論理学や哲学などでは、判断をことばで表したものを**命題**（自然科学では多くが方程式で表す）とよぶが、公理は定義からでてくる根本的な命題なのである。

　そして、これらの定義または公理を基礎にして正しい事柄として証明された命題である**定理**を得る。ガリレオが『新科学対話』で多くの紙数を費やしているのは、この定理の証明である。

　定理の証明にともない、ただちに導き出される命題を**系**とよぶ。系とは、系統、系譜などのように、一続きにつながったものという意味である。

　また、論理の展開に基本的前提として必要とされる命題を**公準**といい、ガリレオは公準は実験事実によって確認されるべき命題であるとする。

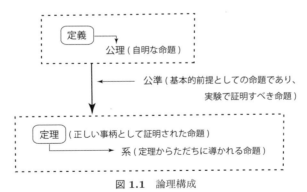

図 **1.1**　論理構成

　ユークリッドの『原論』は 12 世紀ルネッサンスにおいて西洋に再び導入され、数学の基礎として貴重な共有財産となっていたため、上に記した論理構成はユークリッド的な幾何学に基づいており、当時の一般通念であって、これを知っておかないと『新科学対話』の各部分の意義が明確でなくなり、混乱する。

現在の力学の教科書においても、当然、はじめに定義はしっかりと与えられるが、ひとつひとつの命題をことさら定理として述べないで、重要なものだけを「⋯の定理」と特別扱いし、ほかの命題は練習問題として解くのが大勢となっている。論理でぎっしりと詰めるというよりも、全体がソフトな感じである。つまり、論理の基本構成は昔も今も変わりはない。

1-3　君もガリレオになる

『新科学対話』は難解

　『新科学対話』は大変面白い。

　しかし、400年近くも昔の書物なので、現代人には難解である。忍耐強い読者であっても、苦も無く読めないであろう。科学法則は時の流れに左右されて変わるものではないはずなのに。試しに、本書を読み進める前に、図書館などで借り出し『新科学対話』に挑戦されるがいい。実際に『新科学対話』は難解である。現在の物理学者にとってさえそうだろう。特に動力学の部に関しては誇張でないことが実感できるはずだ。

　近代力学の黎明期であるガリレオの時代[4]では力学量の概念や語義がいまだ明確にとらえられ、定義されていなかったため、いまのわれわれにはガリレオの語ることを的確に理解するのがむずかしい。

　その代表例はインペトゥス（impetus）という用語の意味だろう。伊日辞典には「激動」、「勢いの激しさ」と記されてあるが、『新科学対話』では速度や運動量、力などなど議論の箇所によって意味合いが異なって使われる。ガリレオにとっては自然な使い方であっても、用語の定義が明確になったいまのわれわれにとっては「速度」と「運動量」、あるいは「力」は次元(質)[5]のまったく異なる物理量で、混同すればその文脈は成り立たなくなる。

　ガリレオは現代の力学とは相当異なった概念に基いているため、「ニュートン力学」を学んで知識があればあるほど混乱をきたし、『新科学対話』が読み進められなくなる。それはガリレオのせいではなく、時代的制約で仕方のないことではある。たとえ

---

[4] ちなみに、ガリレオが生きた時代をわが国の歴史に重ねれば、それは戦国時代の後半から江戸幕府の初期にあたり、桶狭間の戦い (1560)、本能寺の変 (1582)、関ヶ原の戦い (1600)、江戸幕府の成立 (1603)、大坂夏の陣 (1615)、島原の乱 (1637-38)、明暦の大火 (1657) などの出来ごとの起ったときである。

[5] 次元という用語をむずかしく感じるならば、質と理解すればよい。誤解を恐れずもっとわかりやすく表現すれば「単位」としてもいい。長さの単位は m（メートル）、時間は s（秒）、速さは m/s（メートル/秒）である。

ば、こういった点が『新科学対話』を難解にする。

　さらに、ガリレオが方法論として用いる幾何学が、『新科学対話』を現在のわれわれにとって煩雑にし、理解に混乱をもたらす。

　幾何学においては、文章にしたがい図形上の点 A, B, C, ... を追いかけ、対象とする複数の辺や角や図形を見出し、それらの間の対比を行う。この作業は追いかける記号付きの点の数が少ない間は苦にならないが、論理が幾重にも重なり、点数が増えてくると非常に煩雑になる。

　上記した難解さがこの煩雑さを何層倍も増幅し、読み続けるのが嫌になる。

むずかしいものは切り捨てて

　本書は科学史の研究書でも、また『新科学対話』の現代訳を目指すものでもないので、用語の解釈などむずかしい学術研究に関する事柄は基本的にはばっさりと切り捨て、それらは科学史の研究者に任せることにし、意味の通る平易な文表現にまとめた。

　また、ガリレオ当時にはなかった現代の数学の代数式表記やルートなどの数学記号を使うことにより、幾何学の煩雑さも本書ではずいぶんと軽減できたはずである。

　他方、命題の証明（問の解法）については理解を助けるために部分的に手を加えることはあるが、原則原典に即しており、現代流（ニュートン力学）で導いていない。さらに、ガリレオの思考論理を追いかけやすくするために、長く複雑な証明には番号を付して箇条書にした。これらは図形幾何に基くガリレオの力学を堪能するためであって、現代物理学の知見を混入させないように細心の注意を払った。

　当時不動の地位を占めていたキリスト教神学と結合したアリストテレスの自然観を克服することが『新科学対話』の重要なねらいでもあって、ガリレオは理解しやすく3人の対話形式を通して『新科学対話』をすすめてゆく。

　3人の登場人物とは、ガリレオが批判するアリストテレス哲学に通じたシンプリチオ、新しい科学者でガリレオの学説を述べるサルヴィアチ、そして、ガリレオの信奉者であって、対話をまとめ、進行役を果たすよき質問者であるサグレドである。

　しかし、いまのわれわれにとっては、特に日本人のとっては、アリストテレス力学への批判が格別に興味を引くとも思えないし、また対話形式を維持することが『新科学対話』を理解する要点であるとも考えないので、本書では（発言する3人は時折登場するが）対話形式をとらず、図形幾何のアプローチに焦点を絞る。

力学のあけぼのを旅する

　ガリレオは「等速度運動」と「等加速度運動」を定義し、最も身近な現象である投げだされた物体の地上での落下運動（投射体の運動）をはじめて科学的に解き明かし、それについて多くの法則を導く（このときガリレオは大砲の砲弾の運動を想定していたようだ）。

　このガリレオの成果を基礎にして、ニュートンは力学現象をつかさどる根本原理を「運動の 3 法則」としてまとめ、ひとつの力学体系を作り上げた。このニュートンの力学をそれ以降、オイラー、ダランベール、ラグランジュ、ラプラスなどの多くの研究者がさらに発展させ、今日の「ニュートン力学」を形成し、世の中のほとんどの力学現象をみごとに説明する。これが、われわれが高校、大学で学ぶ「ニュートン力学」である。前小節「学校で学ぶ『落体の運動』」の代数式 (1.3), (1.4) は自由落下運動の「ニュートン力学」による表記である。

　われわれは、力学とはすなわち「ニュートン力学」であると自然に受け入れているものだから、その基礎になったガリレオの力学について特に思い至ることもない。

　ガリレオの『新科学対話』からニュートンの『プリンキピア』まで、ほぼ 50 年である。わずか半世紀の短期間で、図形幾何の力学から微積分代数の力学へと大きく飛躍したのである。現象を捉える力学的視点は変わらないが、その解析の手法はまったく異質であって、2 つの間に断絶をさえ感じる。力学＝「ニュートン力学」と思い込んでいるかぎりは、この大きな変遷に気づかないし、投射体の運動を図形幾何により巧みに解明するガリレオの手法が存在したことさえ見逃してしまう。人類は微積分代数学による考え方だけでなく、まったく異なる思考法も創出したことを知らないのは、まことに、勿体ないという他はない。

　読者は、「ニュートン力学」を知り、さらに、ニュートン以上にはるかに多くの科学知識と情報にあふれた 21 世紀に生きている。ガリレオの力学に初対面であるとしても、後世の人間の利点としての後知恵で多くのことを知り、力学現象の捉え方や数学的扱いにはガリレオをはるかに越える知識をもつ。

　しかも、本書がわかりやすくガイドする。

　400 年前にタイムトリップしよう。ガリレオの図形幾何によるアプローチを読者は充分に楽しめるはずである。

本書のテキスト

　『新科学対話』を読み解くテキストとしては

　　　　　今野武雄氏&日田節次氏の邦訳本
　　　　　　　『新科学対話（下）』（岩波文庫、1948 年）
ならびに
　　　　　Henry Crew & Alfonso de Salvio の英訳本
　　　　　　　『Dialogues Concerning **Two New Sciences**』
　　　　　　　（DOVER PUBLICATIONS, INC., NEW YORK, 1954）
を活用した。本書はこの 2 つの訳本に負っていることを記し、ここに謝意を表する。
　上邦訳本にもとづけば、『新科学対話』の正式題名は『機械学および地上運動に関する二つの新しい科学についての**対話および数学的証明**』である。

第Ⅰ部

幾何で解く落下運動

　ガリレオは動力学の部において、「大変古くからの課題を扱いながら、全く新しい科学を提唱する」と宣言する。古くからの課題とは日常的に目にする物体の運動であり、具体的には重力のはたらくもとでの落下運動のことである。
　それについては、「これまで観察も、あるいは証明もされなかった自然の極めて重要な特性を、実験により、いくつか見出した」と表明する。
　自由落下する物体は静止状態から連続的に加速されること、また、投げ出された物体（投射体）はある種の曲線を描くことも当時の研究者たちは知ってはいたが、その具体的な振る舞いについては理解できてはいなかったのである。
　いまではだれでも知っているように、投げ出された物体は重力のはたらくもとで落下する。その運動は、重力の方向（われわれは日常、鉛直方向とよぶ）とそれに垂直な方向（水平方向）に分離して扱われる。特に地上の自由落下する物体にはたらく力は鉛直方向の重力のみであって、水平方向には力がはたらいていない。
　ガリレオはこの「投射体の運動」を3部構成で論ずる。
　それらは、力のはたらいていない水平方向の運動は「等速度運動」であり、つぎに、重力のはたらいている鉛直方向は「等加速度運動」であって、そして、これらの両運動を合成して、投射された物体は「放物線軌道」を描くことを証明する。
　自然の加速運動は「等速度運動」と「等加速度運動」を基本にするということは、何らかの公理から導けるものでなく、ここではガリレオの前提である。
　この基本原理のもとで、多くの現象を説明し、「斜面の降下運動」や「投射体の運動」を統一的に解き明かしてゆく。
　ガリレオが「近代科学の父」とよばれる理由もこの点にあって、つぎのように述べている。

「自然の加速運動とはどのようなものかは自由勝手にどのようにでも定められるが、その定義の正しさはそれが自然の諸現象や実験結果を正確に説明できることによってこそ支持される」、と。
　理論は実験によって証明、すなわち実証されなければならないということである。

第 2 章
運動様式

　ガリレオは、自然の落下運動は 2 つの基本様式で構成されていると見抜く。「等速度運動」と「等加速度運動」である。それは、自然は最もシンプルな法則を選ぶ、というガリレオの自然観にもとづくものである。

2-1　ガリレオ、「等速度運動」と「等加速度運動」を定める

等速度運動とは

　等速度運動とは最も単純な運動であって、速さを変えず真っ直ぐに進む。
　たとえば、氷上で滑る物体を考える（図 2.1）。氷との摩擦や空気抵抗などの抵抗が無視できれば、物体は氷上を同じ時間内に同じ距離だけ滑り続けるであろう。
　速さとは時間あたりの移動距離を表すので、これは速さも方向も変えず継続して運動することを意味する。これが「等速度 (速度が一定の) 運動」である。

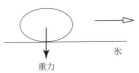

図 2.1　氷上の物体の等速度運動

　われわれは「ニュートンの運動の第 1 法則」、いわゆる「慣性の法則」を学んだ。すなわち、外部から力がはたらいていないとき、速度をもって運動している物体は「等速度運動」をする。これである。
　ガリレオはこれを議論のはじめに、「等速度運動」として導入する。
　その定義は、

> 任意の等しい時間間隔ごとに、物体が通過する距離が等しい直線運動

である。
　ガリレオは定義に用語「任意の」（自由に選んだ、どのようなの意）を挿入したこと

を強調するが、これについては小節「極限操作 $\lim_{\Delta t \to 0}$ と用語『任意の』」(p.119) で論じる。

> **速度と速さ**
> 速度は大きさと向きをもつ量で、たとえば、旅客機が時速 800 km で南に向かって飛んでいると表現する。同じ時速 800 km であっても、東へ向かって飛んでいれば、速さは等しくとも、速度は異なるのだ。速度の大きさが速さである。このように大きさと向きをもつ量をベクトル量とよぶことは学んだであろう。
> 向きが変化しない運動は当然直線運動となり、その上、速さも変化しなければ、「等速直線運動」となる。つまり、「等速度運動」である。
> このベクトル性を考えて本書では「等速度運動」、「等加速度運動」と 2 つの基本運動を表記はするが、それ以外では速度と速さの使い分けに厳密性を欠くところがある。ともあれ、斜面や放物線の図形を扱う限りでは混乱は生じないと考える。

等加速度運動とは

つぎに等加速度運動について述べよう。等加速度運動とは、最も単純な加速運動で、進む方向を変えずに時間とともに速くなる。

ガリレオは自由落下運動は「等加速度運動」であるとする。

「斜面の実験」から、それは

> 静止状態からはじまる運動であって、等しい時間間隔ごとに等しい速度の増加を得る運動

であると定義する。

等しい時間間隔 (Δt) ごとに、速度の増加 (Δv) が等しい

$$\frac{\Delta v}{\Delta t} (= 加速度) = 一定 \tag{2.1}$$

ということは、加速度が一定、つまり等加速度であって、物体は一様に加速される。よって、その速度は時間に比例して増加する。

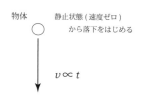

図 **2.2** 自由落下運動

$$v \propto t \qquad (2.2)$$

加速度も速度と同じく大きさと向きをもつ量であって、「等加速度運動」ではその加速度は大きさも向きも変えず一定である。

ガリレオ、力に言及せず

2つの運動の定義において、ガリレオは「力」の作用については何ら言及していないのである。

「等加速度運動の加速度の原因についてはいろいろの学説があるので、ここでそれを議論するのは適当でない」とガリレオは述べ、「その原因に囚われずに、加速度運動の本来的な性質を研究し、明らかにすることをめざす」と「How」の探究を主張する。そして、力の研究は後世の研究者にゆだねようと説く。

これが、運動をその様式でもって定義した理由である。

このように基本的姿勢を明確にしながらも、その一方では『新科学対話』の中で（のちほど記すが）、「重力」は地球の中心に向ってはたらき、地球の径にくらべ高さ方向に充分に小さな領域である地表では重力は一様で、一定の強さの力が物体にはたらいていると述べている。重力に垂直な水平方向の運動が「等速度運動」になるのは、力がはたらいていないためだというガリレオの論理である。

ガリレオと座標系

ガリレオは物体の運動を時間 t と速度 v の関係で議論する。

そこで、速度 v_0 の「等速度運動」をいま流に $t-v$ 図で示せば図 2.3(a) であり、「等加速度運動」は図 2.3(b) である。

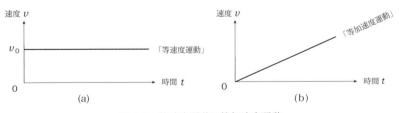

図 **2.3** 等速度運動と等加速度運動

本書では必要に応じて（稀であるが）、いま流に座標系を使う。

ガリレオも座標軸に相当するような原初的な軸を図中に描いているが、座標系にとっ

て重要な原点の概念が見当たらない。

また、2次元[1] 平面での位置を、座標軸に沿っての、原点からの距離である2つの実数の組によって指定するという試みも見られない。

ガリレオの幾何学にはその必要もなかったのであろう。

ちなみに、直交座標系（デカルト座標系）はガリレオと同時代のフランスの哲学者、数学者であり、自然科学者であったデカルト (Rene Descartes、1596-1650) が 1635 年に発表した『方法序説』で導入したもの。ガリレオの最晩年に当たる。

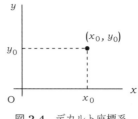

図 2.4　デカルト座標系

2-2　ガリレオ、「等加速度運動」では距離は時間の平方に比例することを導く

速度と時間の関係で定義した「等加速度運動」は、「斜面の実験」が示すように、その通過距離は時間の平方に比例することを導き、証明する。

これがガリレオの幾何図形？

はじめに「等加速度運動」の通過距離を、「等速度運動」でもってつぎのように表す。読者にもガリレオの思考を追体験してほしいと望み、以降ではガリレオが証明する命題を問として記す。

> 問 1：「静止からはじまる等加速度運動をするとき（つまり、自由落下するとき）、任意の距離 ℓ を通過するに要する時間 t は、等加速度運動のはじめと終わりの速さの平均値に等しい速さ $\bar{v}$ で同じ距離を等速度運動するに要する時間に等しい」　ことを示せ。

---

[1] ここでいう次元は、数学的な意味の次元であって、空間は縦×横×高さの長さの立方 (L^3) であり、平面は縦×横の長さの平方 (L^2) であって、それぞれを 3 次元、2 次元とよび、次元数は L^n の指数 n を指す。空間の広がりを長さ、移り変わりを時間、重さを質量の次元として、力学的運動を記述する物理学的な意味の次元とは異なる

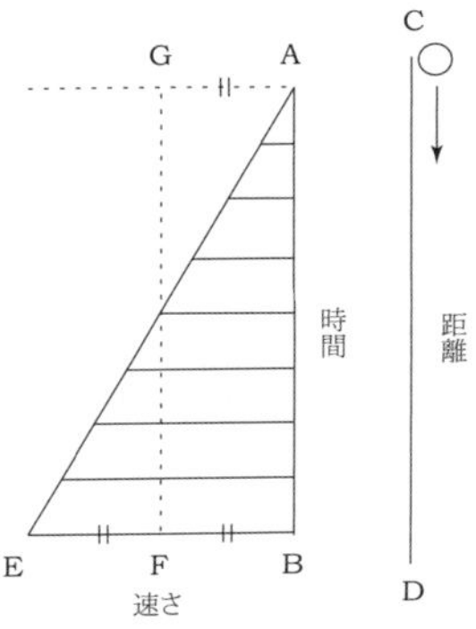

設問は図 2.5 のように描けることは理解できるであろう。これは著者の考案図でなく、ガリレオによるものである。

ガリレオは物体が C から初速度ゼロで落下をはじめ、等加速度でもって距離 CD を通過するのに要する時間を直線 AB で表す。落下運動を感覚的にも捉えようと、CD ならびに AB を上下方向に描く。

CD 上のすべての落下点は AB 上に 1 対 1 の対応点をもつことになる。

落下の最高速度である最終点 B での速さは、AB に直角な線分 BE で表す。そして、直線 AE を結ぶと、この線分 AE が「等加速度運動」を示す。

図 2.5 「等加速度運動」と「等速度運動」

また、速さ $\bar{v}$ は BE/2 = BF であり、AB に平行な破線 GF が「等速度運動」を示す。

距離は時間と速さの積であって、共通する時間 AB 内に「等加速度運動」と「等速度運動」で移動する距離が等しいとは、前者のつくる △ABE の面積と後者のつくる □ABFG の面積が等しいということである。ガリレオはこのことを文章で細々と論じ証明するが、読者には説明不要であろう（△ABE の面積 = 1/2 × AB × BE、□ABFG の面積 = AB × BF を記すだけで充分であろう）。

時間 t と速さ v を縦軸と横軸にとることにより、通過距離 ℓ は 3 角形あるいは 4 角形の図形面積となる。時間の推移にともなって面積の大きさは変化するが、図形の形が変わることもなく、幾何学特有の相似のとり扱いができる。

これで、運動の距離、速さ、時間が 1 つの図形によって表現できることになった。これがガリレオが頻繁につかう幾何図形か？

残念ながら、これではないのだ！（本章ではこの図形表示を引き続き使うけれども）

距離の「比」は時間の「比」の平方に比例する

問 2：「物体が静止からはじまる等加速度運動で落下するとき、その通過距離 ℓ は所要時間 t の平方に比例する」ことを示せ。

これは簡単に解けると思う。

なぜなら、前問において通過距離は 3 角形の面積 = 1/2 × vt であると知ったので、「等加速度運動」の速さは時間に比例する（$v \propto t$）関係を面積に反映させれば、距離（= 面積）$\propto t^2$ が得られるからである。

その事柄をガリレオは図 2.6 と文章で導く。

要点だけを記して見ていこう。

A から静止ではじまる「等加速度運動」を線分 AE で表し、任意の 2 つの時間間隔 AB と AC をとる。所要時間 AB での通過距離 (ℓ_1 と記す) は $\triangle$ABD の面積であり、時間 AC での距離 (ℓ_2) は $\triangle$ACE の面積である。

したがって、ℓ_1 と ℓ_2 の比は時間の比 (t_1/t_2) と速さの比 (v_1/v_2) の複比 (比の積)

$$\frac{\ell_2}{\ell_1} = \frac{\triangle \text{ACE の面積}}{\triangle \text{ABD の面積}} = \frac{(t_2 \times v_2)/2}{(t_1 \times v_1)/2} = \left(\frac{t_2}{t_1}\right)\left(\frac{v_2}{v_1}\right) \quad (2.3)$$

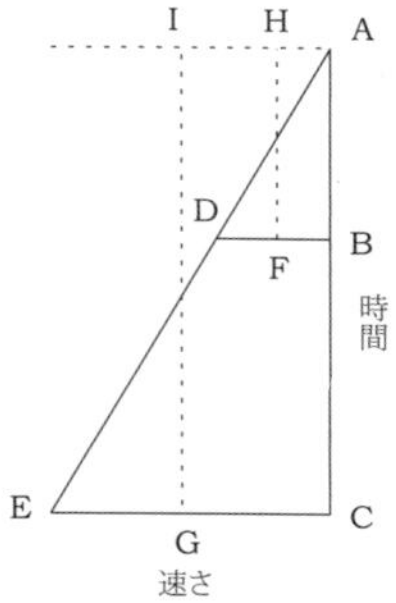

図 2.6 $\ell \propto t^2$

である。同じことは問 1 にもとづいて、等価な □ABFH の面積と □ACGI の面積の比としても得られる、と。

そして、「等加速度運動」の速さは時間に比例するので、任意の 2 つの時間における速さの比は時間の比に等しい ($v_2/v_1 = t_2/t_1$)。これを上式 (2.3) に代入すると、距離の比は時間の平方の比

$$\frac{\ell_2}{\ell_1} = \frac{t_2^2}{t_1^2} \quad (2.4)$$

となる。

この関係が任意の距離 ℓ と時間 t の間で成り立つのだから、距離は時間の平方に比例 ($\ell \propto t^2$) するわけだ。

ガリレオ以上にもう少し丁寧に論じよう。式 (2.4) から

$$\frac{\ell_1}{t_1^2} = \frac{\ell_2}{t_2^2} \quad (2.5)$$

と書ける。現代流に表記すれば、これは任意の時間における距離と時間の平方の比はつねに一定の値

$$\frac{\ell}{t^2} = \text{一定} \ (= c) \quad (2.6)$$

をもつことを指す。c は定数である。よって、距離は時間の平方に比例する

$$\ell = ct^2 \quad (2.7)$$

のである。

「比」の分母は尺度の基準(単位)

式 (2.4) と式 (2.5) は距離は時間の平方に比例する運動の様式を示すことには変りがないが、両者の意味合いは少し異なる。

距離や時間の変化によって、前者の等式の値は変わるが、後者の等式はつねに一定の値 c をもつ。c 値の情報は式 (2.4) には不要である。

式 (2.4) では距離と時間はそれぞれ比の形で登場し、1 つの任意の時間における距離 (たとえば、t_1 と ℓ_1) が時間と距離の尺度の基準 (単位) の役割を果していると捉える。基準値 (t_1, ℓ_1) に対する時間 t_2 と距離 ℓ_2 の関係を表したのが、式 (2.4) である。したがって、式 (2.4) の両辺とも無次元であって、単なる数値である。

この比の形は幾何の相似性 (ここでは $\triangle ABD$ と $\triangle ACE$ の相似) に由来する。

図形幾何の解析法は原理的にこの比の形で構成される。

一方、式 (2.5) の両辺は加速度の次元 (長さ/時間の平方) をもち、その数値は定数であって、よって、「等加速度運動」であることを表す。

「1 ではじまる奇数列」を導く

問 2 の 1 つ目の系 (系とは、定理の証明にともない、ただちに導出される命題のこと) が次問である。簡単であるので、回答は読者に任せる。

> **問 3**: 「静止からはじまる等加速度運動では、連続する任意の等しい時間間隔ごとに通過する距離は $1, 3, 5, 7, \ldots$ の奇数列の比を成す」ことを示せ。

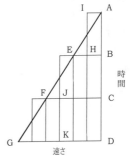

図 2.7 「1 ではじまる奇数列」

第3章
視点

　斜面の降下運動（第 4 章）ならびに投射体の放物線運動（第 5 章）について多くの定理を導きだす作業に入る前に、ガリレオ流幾何を理解するための基礎をまとめておこう。

3-1　ガリレオ、距離と時間を正比例の関係に組みかえる

　勘のいい読者はすでに気になっているのではないだろうか。
　「等加速度運動」では通過距離 ℓ は所要時間 t の平方に比例 ($\ell \propto t^2$) するが、それを幾何図形ではどう扱うのか？ ということである。
　ここでガリレオは視点を反転させて、時間は通過距離の平方根に比例 ($t \propto \sqrt{\ell}$) すると捉える！
　$\ell \propto t^2$ の平方根をとっただけで、どちらの視点をとろうと距離と時間の関係には違いが生じるわけでない。むしろ、現代のわれわれは、距離は時間の関数として変化するという見方を学ぶ。しかし、ガリレオは逆の見方をとる。何故であろう？
　ガリレオの強力な武器である「比例中項」と「第 3 比例項」が、その答えを提示してくれるであろう。

比例中項

　すでに記したように、幾何学では辺の長さ (a, b, c, d) の関係を「比」の形で扱う。
　$a : b = c : d$ である。
　「ガリレオは幾何学で落下運動を議論した」と述べたが、このような代数式を頻繁に活用するのであって、正確には「代数 (解析) 幾何学で議論した」と書くべきであろう。しかしながら、現在の力学の考え方とくらべるとずいぶんと幾何の取り扱いに依っ

ているので、それを強調する意味で「幾何学で」[1] と表現したわけだ。

さて、一般に未知数を x で表し、つぎの「比」の関係（左式）が成り立つとき、x は右式で得られる。

$$\frac{a}{x} = \frac{x}{b} \quad (a:x = x:b) \quad \Rightarrow \quad x = \sqrt{a \times b} \tag{3.1}$$

ここで、a, b は既知の正値の量 (辺の長さ) であって、よって、根号内の a と b の積も正値をもち、正値の未知数 x が得られる。

比例式の中の項という意味で、この x を**比例中項**という。

このように説明されると読者は、なんだ**相乗平均**ではないかとすぐわかる

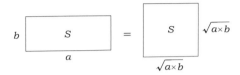

図 **3.1** 比例中項と幾何平均

だろう。これを幾何学的に取り扱うとき、相乗平均を**幾何平均**ともよぶ。辺の長さが a と b の長方形の面積 S と等しい面積をもつ正方形の辺の長さが幾何平均であって、それは $\sqrt{a \times b}$ である (図 3.1)。

ガリレオに従って本書でもこれを「比例中項」とよぶ。そして、この比例中項の使い方がガリレオの力学を理解する鍵である。

なお、原典では図形の辺の長さを (上では a, b, c, d を使ったが) AB, BC, CD, DE などと表記して、それらの間の比例関係を AB : BC = CD : DE と記している。本書では見やすさ読みやすさから、文中では主にこの記法を用いるが、式表示では代数式

$$\frac{\text{AB}}{\text{BC}} = \frac{\text{CD}}{\text{DE}} \tag{3.2}$$

を用いる。

$< t_2/t_1 = \tilde{\ell}/\ell_1$ の等式$>$

「静止からはじまる 2 つの落下運動を考える。一方は任意の距離 ℓ_1 を所要時間 t_1 で通過し、他方は ℓ_2 を t_2 で通過するならば、

$$\frac{t_2}{t_1} = \frac{\tilde{\ell}}{\ell_1} \qquad \text{あるいは} \qquad \frac{t_2}{t_1} = \frac{\ell_2}{\tilde{\ell}} \tag{3.3}$$

である。ここで、$\tilde{\ell}$ は ℓ_1 と ℓ_2 の比例中項 $\tilde{\ell} = \sqrt{\ell_1 \ell_2}$ である」

---

[1] 本書での用語「幾何学」は厳密に定義された学問分野ではなく、わたしたちが中学、高校で学ぶ初歩的なユークリッド幾何学を指す。

本書ではこの命題を＜ $t_2/t_1 = \tilde{\ell}/\ell_1$ の等式＞とよぶ。

つぎに示すように式 (2.4) の平方根をとり、分母分子に $\sqrt{\ell_1}$ あるいは $\sqrt{\ell_2}$ を掛ければ式 (3.3) を得る。

$$\frac{t_2}{t_1} = \frac{\sqrt{\ell_2}}{\sqrt{\ell_1}} = \frac{\sqrt{\ell_1 \ell_2}}{\ell_1} = \frac{\tilde{\ell}}{\ell_1} \tag{3.4}$$

$$= \frac{\ell_2}{\sqrt{\ell_1 \ell_2}} = \frac{\ell_2}{\tilde{\ell}} \tag{3.5}$$

幾何学は辺の長さで議論する。

また、幾何学は辺の関係を「比」の形で扱う。

辺の長さの次元は距離の次元であって、図形の辺は距離の縮小版である。「比例中項」を用いると、距離の「比」は時間の平方の「比」（式 (2.4)）としてではなく、時間の「比」を距離（辺）の「比」（式 (3.3)）で表現できる。つまり、距離の「比」も時間の「比」も辺の長さの「比」として扱えるのである。さらなる要点は、次節の小節『図形と「比」の利点』で論じることにする。

3 角形と第 3 比例項

ここで第 3 比例項を説明しておく。

比例関係 $a : b = x : a$ が成り立つとき、未知数は $x = (a/b)a$ であって、この x を第 3 比例項という。x は比例式の 3 番目にある変数である。

『新科学対話』では、相似関係をもつ 3 角図形が頻繁に登場する。

たとえば、図 3.2 で AD($= x$) を AC($= a$) と AB($= b$) の第 3 比例項（AD $=$ (AC/AB)AC）となるように D をとる。

そうすると、D で辺 AB と CD は垂直に交わり、$\triangle$ABC と $\triangle$ADC は相似関係をもつという具合に活用される。このとき AC が AB と AD の比例中項になっている（AC $= \sqrt{\text{AB} \times \text{AD}}$）。「第 3 比例項」という用語が聞きなれなかっただけで、読者にはすでに学び慣れた用法である。

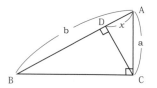

図 **3.2** AC と AB の第 3 比例項 AD

「比例中項」と「第 3 比例項」は別物でなく、同じものの視点を変えた名称なのである。

3-2　ガリレオ、自由落下を図形化する

ガリレオの幾何図形

ひとはものを考えるとき、多くの場合図形を思い、描く。

ここでは落下運動の図形である。

しかしながら、それは図 2.5 の時間-速さの相関図でない。この時間-速さ図は少し抽象的な思考であり、ガリレオも必要に応じて用いてはいるが、『新科学対話』で主として活用する図形はそれでない。

活用するのは空間に描かれる運動の軌道を簡素化し、縮小した図形である。何も特別なものでなく、われわれも日常用いる図案である。映像的にいくども運動を繰り返し、検討過程を反復するのに適する。

たとえば、自由落下では上から下へと 1 つの直線を描き（図 3.3(a)）、斜面を降下する運動のときには勾配をもつ直線を描き（図 3.3(b)）、それらに沿って運動の様子を考える。自由落下と斜面の降下を比較するときは直角 3 角形を描き、その鉛直線と斜辺に沿っての物体の通過距離や速度の違いを検討する。さらに、投射体の運動では放物線（図 3.3(c)）を描く、などである。

これが、ガリレオが『新科学対話』で活用する幾何図形であって、なんら特別なものでない。

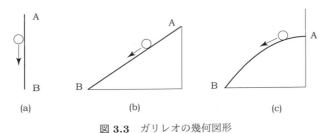

図 3.3　ガリレオの幾何図形

ポイントはこれらの図形を使って、運動の速度、時間、距離、ならびにそれらの関連をどのように表示し、理解するかにある。1 つの図形で 3 つの力学量の変化を扱い解析するのであるが、なぜそんなことができるのか、それをこれから明かにしよう。

図形と「比」の利点

図形の辺は長さの次元をもつので、同じ次元をもつ距離を表すのに適している。それだけでなく、ガリレオは辺の長さに時間、さらには速度の役割をも持たせる。しか

しながら、辺の長さで距離 ℓ を、さらには時間 t や速度 v を表したとしても、次元の異なる辺同士の長さを比較し、それらの大小を議論することはできない。

ところが、前章で記したように、幾何学では図形の相似性にもとづいて辺を「比」の形で扱う特性があって、次元の異なる量の比較を可能とする利点がある。

すでに触れた事項でもあるが、幾何図形による「比」の利点を以下にまとめる。

「比」を使うことの利点- 1

「比」は同じ次元の力学量（距離、時間、速度）でつくる限り、分母と分子で次元は打ち消しあい、その結果は単なる数値となる。距離で構成された「比」であっても、時間あるいは速度で構成された「比」であっても、単なる数値となればそれらの間の関係を比較できる。

「比」を使うことの利点- 2

「比」の分母、分子に同じ数量を掛けたり、同じ数量で割ったりしても「比」は変らない。その例が＜ $t_2/t_1 = \tilde{\ell}/\ell_1$ の等式＞であり、距離の平方根の「比」が比例中項 $\tilde{\ell}$ を介して長さの次元の「比」となり、それは図形の辺の長さの「比」として表せる。

「比」を使うことの利点- 3

「比」とは相対的な大きさを示したもの、つまり、一方を基準にした他方の大きさである。そこで、距離、時間、速度という力学量の尺度基準（単位）をそれぞれの「比」の、たとえば、分母である辺の長さで表すと、分子の辺の長さは対応する力学量の大きさを示すことになる。さらに、3つの力学量の「比」の分母に同じ辺の長さを採用すると、すべての力学量の尺度基準（単位）の大きさは共通する辺の長さで表される。

では、具体的に見ていこう。

手始めの自由落下運動

手始めに自由落下運動を図で描いてみよう。

距離 ℓ_1 を時間 t_1 で落下し、ℓ_2 を t_2 で落下する静止からはじまる自由落下運動である。

図形は鉛直方向（縦方向）に直線を描き、落下の出発点を A、距離 ℓ_1 を AB で、ℓ_2 を AC で、ℓ_1 と ℓ_2 の比例中項 $\tilde{\ell} = \sqrt{\ell_1 \ell_2}$ を AR で表すと、時間、距離の「比」は

$$\frac{t_2}{t_1} = \frac{\tilde{\ell}}{\ell_1} = \frac{\mathrm{AR}}{\mathrm{AB}} \tag{3.6}$$

$$= \frac{\ell_2}{\tilde{\ell}} = \frac{\mathrm{AC}}{\mathrm{AR}} \tag{3.7}$$

$$\frac{\ell_2}{\ell_1} = \frac{\mathrm{AC}}{\mathrm{AB}} \tag{3.8}$$

と書ける [2])。時間の「比」の式 (3.6) は式 (3.4) に、式 (3.7) は式 (3.5) に対応する。

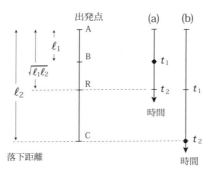

図 **3.4** 自由落下での距離と時間

図 3.4(a) に示すように、ある落下距離 ℓ_1 での時間 t_1 を距離と時間の尺度基準（単位）として図形での長さ AB で表すと、任意の距離 ℓ_2（長さ AC）を落下する時間 t_2 は長さ AR$= \sqrt{\mathrm{AC} \times \mathrm{AB}}$ となる。すなわち、落下距離が AC/AB 倍になれば、落下時間は AR/AB 倍になり、落下距離の推移につれて落下時間を計算できる。いま流に書けば、$\ell_2 = (\mathrm{AC}/\mathrm{AB}) \times \ell_1$ ならびに $t_2 = (\mathrm{AR}/\mathrm{AB}) \times t_1$ である。

「等加速度運動」では速度は時間に比例するので、速度の基準も時間基準と同じ長さにとれば、速度は時間と同じように計算できる。$v_2 = (\mathrm{AR}/\mathrm{AB}) \times v_1$ である。

---

[2]) もう一つの比例中項

式 (3.6), (3.7) の時間の「比」を辺の長さの「比」で表すもう 1 つの表示法がある。登場の頻度が少ないので脚注に記す。

$$\frac{t_2}{t_1} = \frac{\mathrm{RC}}{\mathrm{BR}} \tag{3.9}$$

である（図 3.4 を参照）。これは

$$\frac{\mathrm{RC}}{\mathrm{BR}} = \frac{\mathrm{AC} - \mathrm{AR}}{\mathrm{AR} - \mathrm{AB}} = \frac{\mathrm{AC}\left(1 - \frac{\mathrm{AR}}{\mathrm{AC}}\right)}{\mathrm{AR}\left(1 - \frac{\mathrm{AB}}{\mathrm{AR}}\right)} = \frac{\mathrm{AC}}{\mathrm{AR}} \tag{3.10}$$

と書けばわかるであろう。

距離だけでなく、時間も速度も同様にして、図形の長さ AB をそれらの尺度基準ととることにより、図形上で共通した取り扱いが可能となる。

幾何図形で運動を解析すると言われると、どういうことかと首をひねるが、なんのことはない、と安心されたかと思う。

逆にいって、この段階でむずかしいと感じないでほしい。

以降ではこのように比例中項を含む「比」の形が登場し、その威力を発揮する。それを充分に理解することが、「ガリレオ流力学」の免許皆伝に至るポイントである。

なお、静止ではじまる「等加速度運動」、すなわち、自由落下運動では、ひとが自由に運動をコントロールできる要因はなく、落下物体の速さ、時間、距離の振る舞いは一義的に決まる。すなわち、空気抵抗が無視できるかぎりは、重さや大きさ、ならびに落下をはじめる高さにかかわらず、あらゆる物体は同一の落下運動をする。

3-3　ガリレオ、＜力のつり合い＞から＜斜面の力の規則＞を導く

『新科学対話』では物体が斜面にあるとき、斜面に沿ってはたらく力の大きさを定める規則を、次節に登場する＜速さ一定の法則＞を証明するための予備定理として導入する。予備定理では硬過ぎて読者に抵抗感を与えると考え、本書では＜斜面の力の規則（きそく）＞と命名する。

運動の勢いと傾斜角

一定の長さの斜面の一端から物体を降下させるとき、物体の速さは傾斜角によって異なる、という事実からガリレオは議論をはじめる。

図 3.5 のように斜面の傾斜角 θ を変えて、斜面の一端から物体を降下させる。このとき、物体と斜面の間に摩擦などは一切存在しないと考える。

物体が B でもつ速さは、斜面が鉛直に立った FB のときが最大であって、傾斜角が減少するにつれて小さくなり、最終的には傾斜角ゼロ ($\theta = 0$) の水平面 CB になれば運動の勢いは完全に失われ、物体は動こうともしない。

物体は重力の中心に引かれるのであって、自分自身でそれから遠ざかることはない。水平面はこの重力の中心から等距離にあるので、物体はいかなる運動も起こし得ない。これは同時に、物体を水平面に沿って移動させるのに力を必要としないことを意味する。

これはガリレオの記述である！

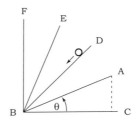

図 3.5 　運動の勢いと斜面の傾斜角

現在の力学の教科書とまったく同じ説明である。

ガリレオの記述の最終段落では、重力に垂直に物体を移動させるに必要な仕事はゼロであると指摘している。仕事とは、物体を移動させるに必要な、経路に沿っての力の総量であり、次元は力と距離の積となる。当たり前のように述べているが、力ならびに物体の移動経路を向きをもつ力学量として捉えていることがわかる。

＜斜面の力の規則＞を導く

＜斜面の力の規則＞とは、

　「重さのある物体が斜面 AB に沿ってあるときと鉛直面 AC に沿ってあるときに実効的にはたらく力の比は、それらの辺の長さに逆比例する」
（図 3.6）

$$\frac{F_{AB}}{F_{AC}} = \frac{AC}{AB} \quad (3.11)$$

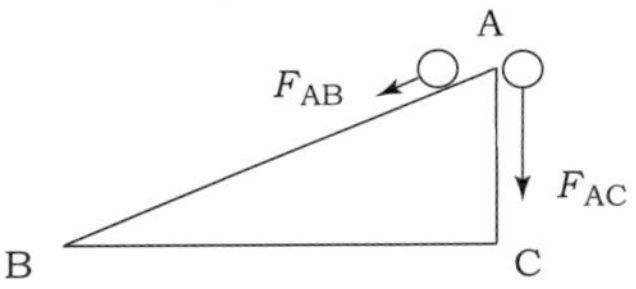

図 3.6　＜斜面の力の規則＞ (1)

であることをいう。ここで F は力 (force) の略であり、下付き添字は図 3.6 に見るようにはたらく力の向きを示す。なお、ガリレオはこのような表記は使っていない。

以下がガリレオによる、この＜斜面の力の規則＞の論証である。

理解しやすくするためにいま流に代数記号を用いる。文章だけであった論理を明確に把握するためである。数式の威力だ。

① 　物体が落下（あるいは斜面を降下）するとき、それにはたらく力の大きさはこ

の物体を静止させておく力の大きさに等しく、それは他の物体の重さでもって測ることができる。

それは、図 3.7 のように、抵抗のない滑車 A を通るひもで物体 H (重さ M_H) につないだ物体 G (重さ M_G) を斜面に置くと、AB に沿って G にはたらく力の大きさ F_{AB}^G は G とつり合いを保つ H の重さ M_H に等しい、すなわち、

$$F_{AB}^G = M_H \tag{3.12}$$

である。

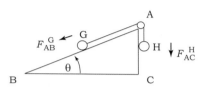

図 3.7 ＜斜面の力の規則＞ (2)

② 物体 G を B→A へ移動させる運動は、B→C への水平移動と C→A への鉛直移動により合成されるが、水平移動は前小節で記したように力を必要とせず、G を C→A へ鉛直移動するときにのみ力が要る。

すなわち、両仕事が等しい

$$F_{AB}^G \times BA = M_G \times CA \tag{3.13}$$

のである。

③ 両物体がひもでつながってつり合っているので、G が斜面に沿って BA だけ移動するときは同じ距離だけ H は鉛直方向に上下する。

すなわち、

$$F_{AB}^G \times BA = M_H \times BA \tag{3.14}$$

である。

④ 以上のことから、物体 G を B→A へ移動させる力のはたらきは、②から「G を鉛直距離 CA だけ移動させる」ことと等価であり、また③から「H を鉛直距離 BA だけ移動させる」こととも等価である。

②と③の力のはたらき（仕事）が等しいということは、

$$M_G \times CA = M_H \times BA \tag{3.15}$$

の関係を示す。よって、移動すべき距離はその重さに反比例する。つまり、

$$\frac{\text{CA}}{\text{BA}} = \frac{M_{\text{H}}}{M_{\text{G}}} \tag{3.16}$$

である。

⑤ G に斜面 AB に沿ってはたらく力の大きさ F_{AB}^{G} は H の重さ M_{H} であり ($F_{\text{AB}}^{\text{G}} = M_{\text{H}}$)、G が鉛直面 AC に沿ってあるときにはたらく力 F_{AC}^{G} が G の重さ M_{G} である ($F_{\text{AC}}^{\text{G}} = M_{\text{G}}$) ので、これらの力の「比」は ($M_{\text{H}}/M_{\text{G}}$ であり、式 (3.16) から)、力が沿ってはたらく辺の長さの「比」に逆比例する。

$$\frac{F_{\text{AB}}^{\text{G}}}{F_{\text{AC}}^{\text{G}}} \left(= \frac{M_{\text{H}}}{M_{\text{G}}} \right) = \frac{\text{CA}}{\text{BA}} \tag{3.17}$$

⑥ 上式右辺は、個々の物体とは無関係な、鉛直面と斜面の長さの幾何学的な比であって、この等式は特定の物体 G に限ったものでなく、どのような重さの物体についても成立する一般的な関係である。

すなわち、物体の重さにかかわらず、斜面に沿ってはたらく力 F_{AB} と鉛直にはたらく力 F_{AC} の「比」は鉛直面と斜面の「比」に等しい。

$$\frac{F_{\text{AB}}}{F_{\text{AC}}} = \frac{\text{CA}}{\text{BA}} \tag{3.18}$$

これが＜斜面の力の規則＞である。

この関係は移動距離の大小にかかわらない。

以上は、高校物理で学ぶ＜力のつり合い＞と仕事についてを、ガリレオは述べているのである。

＜斜面の力の規則＞をいま流に表示すると

ガリレオが導いたこの＜斜面の力の規則＞を現代の力学、数学を使って記そう。

それは、重さ M の物体が傾斜角 θ の斜面にあるとき、この物体に斜面に沿ってはたらく力は

$$F = M \sin \theta \tag{3.19}$$

であるということだ [3]。

これは式 (3.18) を書き直し、

$$F_{\text{AB}} = F_{\text{AC}} \times \frac{\text{CA}}{\text{BA}} \tag{3.20}$$

---

[3] M を mg として覚えているかもしれない。すなわち、$F = mg \sin \theta$ である。m は物体の質量、g は重力加速度である。

物体が鉛直面にあるときにはたらく力はその重さに等しいこと ($F_{AC} = M$)、および、われわれが習い慣れた3角関数の正弦関数 ($\sin\theta = $CA/BA) を上式に代入すれば、式 (3.19) となる。

前小節では論理立てて、一つ一つステップを重ねたが、いまのわれわれにとっては、何だ、$F = M\sin\theta$ ではないか、当たり前のことではないかというのが正直な感想だ。

それはガリレオのおかげで、このように堅実な論理で構築された礎石の上にわれわれは立っているのである。

ガリレオ、「仕事」を認識

力学の用語「仕事」とは、移動経路に沿ってはたらかせる経路方向の力の総量である。用語は明記されていないが、ガリレオはこの「仕事」の考え方を把握していたことがわかる。

同じ物体を斜面経由でB→Aへ移動させるのも、B→Cを経由してC→Aに至るのも同等の力のはたらきであるとの④の論理は、まさに「仕事」を論じたもの。

さすがはガリレオである。

もっとも、重さ(重力)は「保存力」[4]であって、その「仕事」は始点と終点の位置のみに依存して、その途中の経路によらない性質をもつ力なのであるが、そこまでの一般化に至らなかったのは時代の制約のため仕方ない。

力の分解

つぎに、ガリレオは、力は大きさと向きをもつ量であって、＜力の分解＞ならびに＜力のつり合い＞が成り立つことを明瞭に示す。

物体Gに鉛直方向にはたらく「全体の力」(ガリレオ流表現) はそれ自身の重さ M_G であり、物体Hとつり合う斜面ABに沿ってGにはたらく力 ($F_{AB}^G = M_H$) は、物体Gの「全体の力」の「分力」であると述べている。この「分力」はHの重さ M_H に等しいので、式 (3.16) より

$$\frac{G の「分力」}{G の「全体の力」} = \frac{M_H}{M_G} = \frac{AC}{AB} \quad (3.21)$$

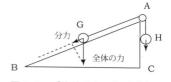

図 **3.8** 「全体の力」と「分力」

---

[4] 保存力の典型は重力である。たとえば、拙著『力学読本 — 自然は方程式で語る』(4-4-2 節 (p.87)、9-2-2 節 (p.219)) を参照のこと。

の「比」を構成する[5]。この分力が式 (3.18) ならびに式 (3.20) で与えられる F_{AB} である。

「斜面の降下」も「等加速度運動」

われわれが活動する地上における物体の重さ、すなわち、物体にはたらく重力の大きさは、地表からの高さに依らずに一定である。

本来、重力の大きさは地球の中心からの距離に依存するが、地球の半径 ($\simeq 6{,}400$ km) とくらべ、高さ方向へのわれわれの活動範囲は非常に小さいので、この領域では重力の大きさにはほとんど違いが現れない、とガリレオは正しく述べている。（しかし、重力が地球中心からの距離の二乗に反比例するところまでは把握していなかった）

このため、鉛直落下する物体に継続的にはたらく重力は、つねに一定の大きさをもつ。よって、物体の重さは地上の領域では変化しない。斜面に沿ってはたらく力は重さに傾斜角の効果 (AC/AB) がかかっただけのものであるので、この力も同じく高さに依らずに一定の大きさをもつ。

すなわち、1)「鉛直落下」も「斜面の降下」もはたらく力は一定で、継続する。

一方、2)「斜面の実験」から降下する運動は「等加速度運動」であることを知った。

以上を総合すると、3) 継続的に一定の力がはたらくときの物体の運動は「等加速度運動」である、となる。

故に、「鉛直落下」も「斜面の降下」も「等加速度運動」であって、両者とも時間は距離の平方根に比例する。

両者にはたらく力は＜斜面の力の規則＞にしたがってその大きさは異なる。表現を変えれば、傾斜角の違いにもとづき加速度の大きさが異なるのである。

＜$t_2/t_1 = \tilde{\ell}/\ell_1$ の等式＞と「斜面の降下」

＜$t_2/t_1 = \tilde{\ell}/\ell_1$ の等式＞は「等加速度運動」である「鉛直落下」について述べたものだが、それは「斜面の降下」に関しても成り立つものだとガリレオは論じる。

上で記したように、「鉛直落下」も「斜面の降下」[6]も物体は 1 次元の直線上を「等加速度運動」するものであり、ただ違いは加速度の大きさだけである。

---

[5] CA、BA のアルファベットの順序がここでは逆に AC、AB と記したが、見やすくするためであり、特に理由はない。

[6] 鉛直面には「落下」を、斜面には「降下」の用語を用いるが、厳密に区別するわけでない。鉛直面ならびに斜面の両者を対象に「落下」あるいは「降下」も適宜使う。

本書でのガリレオの解析をみれば、「等加速度運動」とはこの＜ $t_2/t_1 = \tilde{\ell}/\ell_1$ の等式＞である、といえる。

そして、この＜ $t_2/t_1 = \tilde{\ell}/\ell_1$ の等式＞が「鉛直落下」を含む傾斜角の異なる「斜面の降下」の間を貫く共通する法則性をもたらすのである。

力の「比」と斜面の長さの「比」

　　　問 4 ： 「傾斜面が異なるが、高さが等しい斜面に沿って降下するとき、物体にはたらく力はその斜面の長さに逆比例する」ことを示せ。

＜斜面の力の規則＞から導き出される命題である。

図 3.9 のように、高さ AC の 2 つの斜面 AB と AE を考える。＜斜面の力の規則＞から斜面に沿ってはたらく力と鉛直方向にはたらく力の比は $F_{AB} : F_{AC} = AC : AB$、ならびに $F_{AE} : F_{AC} = AC : AE$ であり、両比例関係から

$$\frac{F_{AB}}{F_{AE}} = \frac{AE}{AB} \tag{3.22}$$

を得る。

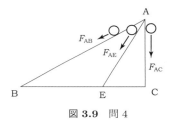

図 3.9　問 4

3-4　ガリレオ、＜速さ一定の法則＞を証明する

ガリレオは自然の加速運動は「等加速度運動」であるとして、それを定義した。そして、「斜面の降下」を扱うについては、傾斜角という新たな自由度の登場に対して＜斜面の力の規則＞という定理を導入した。

これは、「斜面の降下」も「鉛直落下」と同じく重力のはたらきを運動の成因とするが、そこではたらく力は「鉛直落下」では「全体の力」であり、斜面では傾斜角に見合った「分力」であって、その「分力」の大きさを評価したものである。

この＜斜面の力の規則＞を介して、「鉛直落下」と「斜面の降下」を統一した視点で扱えることができるわけであるが、ガリレオは「力」を前面に出して運動を解明する姿勢をとらないため、＜斜面の力の規則＞に見合う運動則を映し出す原理が必要となる。

それが、これから議論する＜速さ一定の法則＞である。[7]

＜速さ一定の法則＞とは

＜速さ一定の法則＞とは

「1つの物体が高さが等しく傾斜角の異なる平面を降下するとき、底面に達したときの速さ v は相等しい」

ことをいう。

高さが等しく、傾斜角が異なる2つの3角形 $\triangle ABC$(傾斜角 θ_B)、$\triangle AEC$(θ_E) を考える (図3.10)。その頂点Aから同じ物体を静止からはじまる降下運動をさせるとき、水平面上では物体の速さは等しいという。

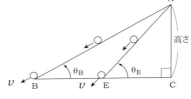

図 **3.10** 斜面を下降する運動

このとき、物体は斜面との摩擦や空気抵抗なしに降下するとし、また物体が大きさをもつことによる影響も無視できるとする。

ガリレオはこの命題を、ガリレオが得意としていた振り子の運動から、つぎのような事実により基礎づけする。

振り子はもとの高さにもどる

図3.11のCから振り子（支点はAで、ひもの長さがAC）を離す。
振り子は最下点Bを通過して同じ水平面（Cと同じ高さ）のDにまでくる。
ガリレオは観測した事実を大切にして、「D近くまでくる」と記している。振り子の空気抵抗や支点での釘とひもの摩擦などのため、完全にははじめとまったく同じ水平

---

[7] 公準を証明するガリレオ
『新科学対話』ではガリレオは「等加速度運動」を定義したあとに、斜面での降下運動を扱うための仮定であるがといって、＜速さ一定の法則＞に言及する。この仮定の正しさを推測できるものとして図3.11に示す振り子の運動を描写するのである。しかし、振り子の運動は斜面の運動とは厳密には合致しないので、仮定の正しさの証明にはならない。そのため、ガリレオは＜速さ一定の法則＞を斜面の運動を解析するための「公準」であると位置付ける。
「公準」(p.5) は論理的に証明できない命題であって、実験で実証されてはじめて正しい命題となり、「定理」となるものである。ところが、ここ（「斜面の降下」を扱う箇所）ではガリレオは「公準」を「証明」するのである。
『新科学対話』を読んで混乱する1つの箇所であろう。
著者は、ガリレオの論理を首尾一貫したものとして扱うには、＜速さ一定の法則＞を「公準」としてでなく、＜斜面の力の規則＞を定理として用いれば「証明」できる命題ととる。

面にまでは戻らないからであるが、運動を妨げる影響を無視できるまで減少できるとも述べている。

つぎに、A の鉛直下の E（AB と DC の交点 H よりは上）に釘を打つと、振り子は B 通過後は E を支点として振れ、水平面 DC と同じ高さの G にまで振れる。

さらに、E に替わり F(H よりは下、但し FJ>BH/2)[8] に釘を打つと、同じく B 通過後は F を支点として運動し、水平面 DC と同じ高さの J に及ぶ。その後はひもが弛み、元の円弧軌道に戻

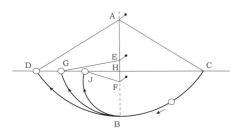

図 3.11　振り子の運動

るときに撃力が生じて、運動のエネルギーの一部がひもを介して釘に逃げ、その結果はじめの C にまでは戻りつけないことは経験からわかるが、ここでのガリレオの議論には J 到達後の振舞いは必要でない。

この振り子の運動は、疑問の余地なく＜速さ一定の法則＞が真であることを示すものだ、とガリレオはつぎのように論理を展開する。

ただし、以下の①～④で「速さ」と記したところは、『新科学対話』では「運動量」と書かれている。「はじめに」で述べたように、用語「インペトゥス」にとらわれないように 本書では基本的に「速度」あるいは「速さ」と書き換えたが、それで文脈や論理に差し障りは生じない。

① 弧 CB と弧 DB は等しく、AB に関して対称の位置にあり、弧 CB を降下して得られる B での速さは弧 DB を降下して得られる B での速さに等しい。

② 弧 CB の降下によって B で得られる速さは、その同じ物体を弧 BD を通して引き上げることができる（実験事実）。
　よって、弧 DB の降下で得られる B での速さは、同じ物体を同じ弧を通して B から D に引き上げるだけの速さに等しい。

③ 以上のことから、一般に、物体が 1 つの弧を通した降下で得られる速さは、その同じ物体を同じ弧を通して引き上げるだけの速さに等しい、といえる。

④ 弧 BD、BG、BJ を通して物体を引き上げる B でのこれらの速さは、実験が示すように、弧 CB を降下することによって得る B での速さに等しい。
　故に、弧 DB、GB、JB を降下して得られる B でのすべての速さは等しい。

---

[8] 振り子が水平面 CD に達せず、F の釘に巻きつかない条件である。

以上の議論が CB、DB、GB、JB を結ぶ各々の弦で成り立てば、当面する対象である斜面を降下する運動にただちに適用できるわけだが、振り子の運動は弦でなく、円弧を描くので、両者は厳密には合致していない。

ガリレオは当然この本質的な違いを承知している。

たとえば、CB、GB を結んだ弦を想定する。

CB を降下した物体は斜面が B において不連続に折れ曲がっているため、BG 面と激突し、降下において獲得した速さ（いま流に言うと、エネルギー）の一部を失い、CG の高さにまで上昇することはない。

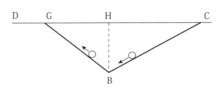

図 3.12　振り子と斜面の違い

ガリレオはこのような「障碍(しょうがい)」が仮に取り除かれるものならば、すなわち、B にまで降下したと同じ速さでもって、こんどは BG に沿って上昇するならば、物体は水平面 CD にまで到達すると指摘したかったのである。

＜速さ一定の法則＞の証明

＜斜面の力の規則＞を用いて、ガリレオは次のように証明する。

いま AB を斜面とし、その水平面 BC からの高さを AC とする（図 3.13）。

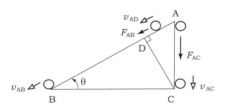

図 3.13　＜速さ一定の法則＞ $v_{AB} = v_{AC}$

① ＜斜面の力の規則＞から、物体を鉛直 AC に沿って落下させる力 F_{AC} と、同じ物体を斜面 AB に沿うて降下させる力 F_{AB} との比は AB 対 AC である（式 (3.18)）。

$$\frac{F_{AB}}{F_{AC}} = \frac{AC}{AB} \tag{3.23}$$

② そこで、斜面 AB 上に、距離 AD が AB と AC との第 3 比例項となるようにとれば、この力の比は長さ AC と AD の比に等しい（「3 角形と第 3 比例項」、p.22）。すなわち、

$$AD = \frac{(AC)^2}{AB} \quad \Rightarrow \quad \frac{AC}{AB} = \frac{AD}{AC} \tag{3.24}$$

$$よって、\quad \frac{F_{AB}(=F_{AD})}{F_{AC}} = \frac{AD}{AC} \tag{3.25}$$

（斜面 AB に沿ってはたらく力 F_{AB} を F_{AD} と表記しても違いはない）

③ 物体は鉛直距離 AC を落下するのと同じ時間内に、斜面に沿い距離 AD を降下する。

$$t_{AC} = t_{AD} \tag{3.26}$$

である。なぜならば、式 (3.25) から力はそれらの距離と同じ比を成すからだ、とガリレオはいう。この点についてはあとでくわしく論じる。

ここで、t_{AC} は下付き添字が示す距離 AC を移動するに要する時間を示す。ガリレオは単に AC というようにしか書かないので、原典はとても読みにくい。だが、この本ではこう表記する。

④ さらに、C における速さ v_{AC} と D における速さ v_{AD} の比は、距離 AC と距離 AD の比に等しい。

なぜならば、斜面の降下は「等加速度運動」であるので（次式に示すように）、速さの「比」（左辺）の分母分子に同じ時間 ($t_{AD}/2 = t_{AC}/2$) をかけると、その同じ時間内に通過する距離の「比」（=AD/AC）になるが、その「比」の大きさは変わらない（「比の利点-2」、p.24）。

$$\frac{v_{AD}}{v_{AC}} = \frac{v_{AD} \times t_{AD}/2}{v_{AC} \times t_{AC}/2} = \frac{AD}{AC} \tag{3.27}$$

（この段落の説明は著者による）

⑤ 一方、「等加速度運動」の定義 ($v \propto t$) により、B における速さ v_{AB} と同じ物体の D における速さ v_{AD} の比は、AB を通過するに要する時間 t_{AB} と AD を通過するに要する時間 t_{AD} の比に等しい（$v_{AB} : v_{AD} = t_{AB} : t_{AD}$）。

また、距離 AB を通過する時間 t_{AB} と AD を通過する時間 t_{AD} の比は、距離 AC と AD の比に等しい。なぜなら、式 (3.3) から $t_{AB} : t_{AD} = \tilde{\ell} : AD$、$\tilde{\ell} = \sqrt{AB \times AD} = AC$ であるから。

したがって、

$$\frac{v_{AD}}{v_{AB}} = \frac{t_{AD}}{t_{AB}} = \frac{AD}{AC} \tag{3.28}$$

である。

⑥ よって、B と C における 2 つの速さは、D における速さに対していづれも距離 AC 対 AD の比を成し (式 (3.27) = 式 (3.28))、結局これら 2 つの速さが互いに等しいことがわかる。

$$\frac{v_{\mathrm{AD}}}{v_{\mathrm{AC}}} = \frac{v_{\mathrm{AD}}}{v_{\mathrm{AB}}} \quad \Rightarrow \quad v_{\mathrm{AB}} = v_{\mathrm{AC}} .\tag{3.29}$$

斜面 AB の傾斜角が違っても、高さ AC が等しい限り上式は成り立ち、よって、求むる＜速さ一定の法則＞が得られたわけだ。

第 3 比例項ならびに比例中項が登場し、然るべき役割を果たしている。なるほど、と感じてもらえただろうか。第 3 比例項で定める D 点を取るのが 1 つの肝所である。その結果、$t_{\mathrm{AC}} = t_{\mathrm{AD}}$(式 (3.26)) を得るわけだ。

速度の視点

「斜面の降下」においては傾斜角の異なる無数の斜面が存在し、特定の傾斜角毎に速さと時間の比例のしかたは当然変化する。この傾斜角依存性を、＜速さ一定の法則＞は等しい高さでは同じ速さをもつという降下運動の原理に換算する。

ガリレオの「等速度運動」ならびに「等加速度運動」の定義は、速度に主眼をおく。ガリレオは、速度が動力学を扱うときの基本量であると捉える。よって、この法則も速度について表明したものになる。

「力はそれらの距離と同じ比を成すから」とは？

証明の③において、力はそれらの距離と同じ比を成すから、同じ時間内に通過する距離ははたらく力に比例するという。

ここで違和感を覚えないだろうか？ この論理はニュートン力学で運動方程式 $m\alpha = F$ (α は加速度) を学んだわれわれには当然であり、また、結果としてもガリレオは正しいのだが、少し議論が必要かもしれない。

違和感は式 (3.25) の読み方にある。

②においては式 (3.25) の右辺 (AD/AC(=AC/AB)) は高さに対する斜面の長さであり、＜斜面の力の規則＞(式 (3.18)) が教える傾斜角の効果を辺の長さの「比」で表したものである。ところが、③においてはそれが鉛直落下距離に対する斜面の降下距離の「比」と読まれている。運動とは無関係な斜面の幾何配置を示す辺の長さが、運動による通過距離に変っている！

これが違和感を生じるのである。

この論理から推測できることは、運動（加速度、速さ、通過距離）は力に比例する、とガリレオは捉えているということである。

運動を「力」の用語を用いることなく定義したにかかわらずである。

つまり、斜面の力が鉛直の力の 1/2, 1/3, 1/4 であれば、斜面に沿っての加速度、速さ、通過距離は鉛直の加速度、速さ、通過距離の 1/2, 1/3, 1/4 であり、力の「比」と距離の「比」は等しくあって、F_{AD} が F_{AC} の AD/AC 倍であれば、斜面の通過距離は鉛直落下の通過距離 (=AC) の AD/AC 倍、すなわち、AD となる。

鉛直落下で物体が C に達した瞬間には、斜面を降下する物体は D に達するわけで、$t_{AD} = t_{AC}$ を得る。これが、③の帰結（式 (3.26)）なのである。

この運動と力の比例関係を＜運動の分解と合成＞の観点から正当化してみよう。

力は＜平行 4 辺形の原理＞にもとづいて 2 つの成分に分解でき、また逆に合成もできる。いわゆる、＜力の分解と合成＞である。

加速度、速度、距離は力と同じく向きのある（ベクトル）量で、図 3.14 に示すように分解と合成ができる。

鉛直落下運動のこれらの量は斜面 AB と AE に沿っての運動に分解できるし、また、これらの斜面に沿っての 2 つの降下運動から鉛直落下運動を合成もできる。

いま、加速度、速度、距離と力が比例関係をもたず、たとえば、平方根や平方など

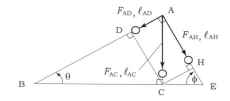

図 3.14 運動の分解と合成

に比例するとすれば、鉛直落下の力を斜面に沿っての 2 つの力に分解し、それらの力から得られる斜面の加速度、速度、距離は比例する場合に比べ大きくあるいは小さくなり、その結果、ある時間後の斜面の速度、距離を合成して得られる鉛直落下の速度、距離は、本来あるべき速度、距離をもつ鉛直落下運動に戻らない。

比例してこそ、任意の時間における両斜面の降下「運動を合成」したとき、鉛直落下運動を得ることが保証される。

④では何の説明もなく、速さの「比」と距離の「比」が等しい（式 (3.27)）とするのもこのような思考からであろう。

＜速さ一定の法則＞とエネルギー保存

＜速さ一定の法則＞はいま流にいえば、エネルギー保存則の帰結である。

第 1 章で登場した用語「インペトゥス (impetus)」はときには運動のエネルギーを暗示するが、ニュートン力学が登場する以前のこの時代には「エネルギーの概念」はもちろん、その保存の法則はなおさら明確に把握されていなかった。

前節で「仕事」に言及した (p.30) が、「エネルギー」とはその「仕事」をする能力のことである。

ここで、ニュートン力学の立場から＜速さ一定の法則＞を眺めておこう。

物体をある高さだけ鉛直に引き上げるには重力に逆らって仕事をなす必要があり、なされた仕事は引き上げられた物体に蓄えられるが、その大きさは移動した高さに比例するので位置のエネルギーとよぶ。一方、引き上げられた物体は手を離すともとの位置へと自由落下し、位置のエネルギーは消滅して速度の平方に比例する運動のエネルギーとして現れる。

物体のもつ全エネルギーは位置のエネルギーと運動エネルギーの和であって、エネルギーの形態は変化しても、その総量はつねに一定で保存される。これがエネルギーの保存則である。

エネルギー保存の視点で上の事情を再度眺める。

手を離す時点の全エネルギーは位置のエネルギーのみで、速さがゼロのため運動エネルギーをもたない。落下とともに高さが減少し、速さが大きくなる。それは徐々に位置のエネルギーが減少し、運動エネルギーが増加するということである。もとの位置に達すると、位置のエネルギーが消失し、運動エネルギーのみとなる。

位置のエネルギーは高さに依存するので、鉛直面でもどのような斜面でも高さの等しい水平面では物体は互いに等しい位置のエネルギーをもち、全エネルギーが一定ということは運動エネルギーも相等しい。よって、水平面では互いに等しい速さをもつことになる。

これが＜速さ一定の法則＞である。

第4章
3角形

さて、ここからは第2, 3章で準備した道具立てを活用して多くの命題を証明してゆく。

4-1　ガリレオ、辺の長さで降下時間と距離を求める

時間と辺の長さ

まずは、一つの斜面における A からの静止ではじまる降下について復習する (図 4.1)。

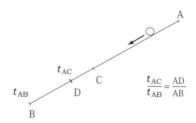

図 4.1　斜面を降下するに要する時間

斜面 AB 上に任意の位置 C をとると、斜面 AC を降下するに要する時間 t_{AC} は AB を降下するに要する時間 t_{AB} に対して

$$\frac{t_{AC}}{t_{AB}} = \frac{\sqrt{AC}}{\sqrt{AB}} = \frac{\sqrt{AC \times AB}}{AB} = \frac{AD}{AB} \tag{4.1}$$

と求められることはすでに理解できる。

すなわち、時間の尺度基準として AB を降下するに要する時間 t_{AB} を辺の長さ AB で表すと、AC を降下するに要する時間 t_{AC} は辺の長さで表すと AD である。AC ではない。AD は同じ斜面上の AB と AC の比例中項 $AD = \sqrt{AB \times AC}$ である。これは

$< t_1/t_2 = \ell_1/\tilde{\ell}$ の等式 $>$ (p.21) ですでに理解したところのものだ。

これにもとづいて図形上に降下距離と同じように「辺の長さ」として時間の大きさを描くことができ、比較、検討が可能になる。

斜面の降下時間と鉛直落下時間

では、ここから斜面の降下ならびに鉛直落下の時間に関する定理を導く。

> **問 5** : 「斜面 AB を降下するに要する時間 t_{AB} と同じ高さの鉛直面 AC を落下するに要する時間 t_{AC} の比は、斜面の長さ AB と高さ AC の比に等しい」ことを示せ。

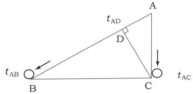

図 **4.2** 降下時間の比と辺の比 (1)

証明はつぎのようになる。

① 斜面の長さ AB でもって AB を降下するに要する時間 t_{AB} を表すとすれば、距離 AD（AB と AC の第 3 比例項）を通過するに要する時間 t_{AD} は AB と AD の比例中項 AC の長さで表される。

「等加速度運動」では降下時間は距離の平方根に比例するので ($t \propto \sqrt{\ell}$)、t_{AB} と t_{AD} の比は

$$\frac{t_{AD}}{t_{AB}} = \frac{\sqrt{AD}}{\sqrt{AB}} = \frac{\sqrt{AD \times AB}}{AB} = \frac{AC}{AB} \tag{4.2}$$

であって、時間 t_{AD} は長さ AC で表される。

② 小節「＜速さ一定の法則＞の証明」の③ (p.36) で論じたように、距離 AD と AC は同じ時間内に通過されるので $t_{AD} = t_{AC}$ である。

③ よって、①と②から

$$\frac{t_{AC}}{t_{AB}} = \frac{AC}{AB} \tag{4.3}$$

となり、長さ AB が斜面 AB を降下する時間 t_{AB} を表すならば、長さ AC は鉛直面 AC を落下する時間 t_{AC} を表す。

斜面間の降下時間

以上のことから、

> **問 6 :** 「傾斜角が異なるが、高さが等しい斜面に沿って降下するとき、降下時間は斜面の長さに比例する」、すなわち、
> $$\frac{t_{AE}}{t_{AB}} = \frac{AE}{AB} \tag{4.4}$$
> であることを導け (図 4.3)。

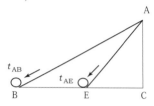

図 **4.3** 降下時間の比と辺の比 (2)

問 4(p.32) が傾斜角の異なる斜面上の物体にはたらく力の関係を述べたのに対して、本命題はそれを降下時間の関係に書きなおしたものである。

簡単なため、証明は読者に任せる。
問 5 の命題を斜面 AE と鉛直面 AC についても適用し、両者に共通する AC を消去すればよい。

傾斜角は異なるが斜面の長さが等しいとき

> **問 7 :** 「長さは同じであるが傾斜角の異なる斜面 AE と AB に沿っての降下時間の比 t_{AE}/t_{AB} は、それらの高さ AF と AC の平方根の比に逆比例する」、すなわち、
> $$\frac{t_{AE}}{t_{AB}} = \frac{\sqrt{AC}}{\sqrt{AF}} \ \left(= \frac{AC}{AJ}\right) \tag{4.5}$$
> であることを導け (図 4.4)。AJ は AC と AF の比例中項である。

解法は読者に委ねる。
問 5 にもとづいてそれぞれの斜面の降下時間を鉛直落下の時間に置き換えて考えればよい。

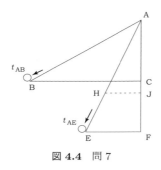
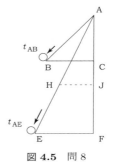

図 4.4　問 7　　　　　　　　図 4.5　問 8

傾斜角も斜面の長さも異なるとき

問 8 :　「長さ、傾斜角および高さの異なる斜面 AE と AB に沿っての降下時間の比 t_{AE}/t_{AB} は、長さの比 AE/AB と、高さの逆比の平方根 $\sqrt{AC/AF}$ との積に等しい」、すなわち、

$$\frac{t_{AE}}{t_{AB}} = \frac{AE}{AB} \times \sqrt{\frac{AC}{AF}} \ \left(= \frac{AE}{AB} \times \frac{AC}{AJ} \right) \tag{4.6}$$

であることを導け (図 4.5)。AJ は AC と AF の比例中項である。

問 7 を斜面の長さならびに高さも変化させて、より一般化したものだ。
解法は読者に委ねたい。

$$\frac{t_{AE}}{t_{AB}} = \frac{t_{AC}}{t_{AB}} \times \frac{t_{AF}}{t_{AC}} \times \frac{t_{AE}}{t_{AF}} \tag{4.7}$$

であるので、それぞれの時間の「比」を長さの「比」に書き換えればよい。問 6 では AC=AF, 問 7 では AB=AE の条件を考量することになる。

4-2　ガリレオ、3 角形と円を組み合わせて運動を美しく解明する

　ここまでで、ガリレオの図形幾何による手法がおおよそ理解できたことと思う。また、「斜面の降下」についての基本的な法則もほぼ出揃った。
　そこで、つぎには多少複雑そうに見える問にチャレンジしてみよう。
　いまの高校物理の問としても充分に通用するものであって、400 年も前に何とみごとに解き明かしたかと感心する。

3 角形と円

問 9： 「鉛直に立った円の最高点 A あるいは最下点 G と円周上の任意の点を結ぶ斜面を考える。それらの斜面を降下するに要する時間は互いに等しい」

すなわち、

$$t_{AB} = t_{AE} = t_{BG} = t_{EG} = t_{AG} \tag{4.8}$$

であることを示せ (図 4.6)。

この命題も面白い。読者は、「そう言われてみれば、そうか」と唸るかもしれない。

AG は円の直径に相当し、垂直に立ち、当然、円の中心を通る。BC、EF は水平面 HI に平行である。

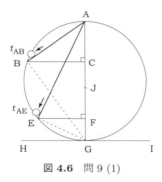

図 **4.6** 問 9 (1)

読者はすでにこの命題を導くための道具だてを習得しているので、先に進まずに、まずは自分で解いてみるのも面白い。以下のように、いろいろな解き方が考えられる。

1) その 1

まず、最高点 A からの降下とする。

問 8 を用いればよいと気づくかもしれない。ポイントは補助線を使って円に内接する 3 角形を考えることである。

$\triangle$ABG と $\triangle$ABC は、∠ABG=∠BCA=90° かつ ∠CAB を共有して相似であるので、AB : AC = AG : AB (したがって、$AB^2 = AC \times AG$) ... ①の関係を得る。

つぎに同様にして、$\triangle$AEG と $\triangle$AEF から AE : AF = AG : AE ($AE^2 = AF \times AG$) ... ②の関係を得る。

これらから AB : AE = $\sqrt{AC}$: $\sqrt{AF}$ (AB/AE = $\sqrt{AC/AF}$) ... ③が導ける。

この③を問 8 が教える t_{AE}/t_{AB} の比 (式 (4.6)) に代入すれば、

$$\frac{t_{AE}}{t_{AB}} = \frac{AE}{AB} \times \sqrt{\frac{AC}{AF}} = 1 \quad \Rightarrow \quad t_{AB} = t_{AE} \tag{4.9}$$

となる。

つぎは、最下点 G への降下を考える。

△ABG と △BGC、ならびに △AEG と △EGF に対して同様な関係を導くことにより、③に対応して BG : EG $= \sqrt{CG} : \sqrt{FG}$ (BG/EG $= \sqrt{CG/FG}$) …④を得る。ここでは問 8 の斜面 AB が BG に、AE が EG に、高さ AC が CG に、AF が FG に変っているので、式 (4.6) にかわり

$$\frac{t_{EG}}{t_{BG}} = \frac{EG}{BG} \times \sqrt{\frac{CG}{FG}} \tag{4.10}$$

を得る。上式に④を代入すると、$t_{BG} = t_{EG}$ である。

さらに、△ABC と △BGC、ならびに △AEF と △EGF に対して同様な手続きを施せば、$t_{AB} = t_{BG}$ ならびに $t_{AE} = t_{EG}$ が導ける。

よって、問 9 (式 (4.8)) が証明できた。

同じことであるが、ガリレオは問 7、問 8 と同様に AC と AF の比例中項 AJ (AJ$=\sqrt{AC \times AF}$) を全面に出して論理展開する。すなわち、③ (AB : AE $= \sqrt{AC} : \sqrt{AF}$) を AB : AE = AJ : AF あるいは AB : AE = AC : AJ として扱う。

また、論理を追いかけるのが多少面倒だが、③の関係をガリレオはつぎのように面白く表現をする。

①から矩形(くけい)AG×AC の面積は AB を辺とする正方形の面積 (AB×AB) に等しく、②から矩形 AG×AF の面積は AE を辺とする正方形の面積 (AE×AE) に等しく、両矩形の面積の比 (AG×AC) / (AG×AF) は AC と AF の比に等しいので、AB^2 : AE^2 = AC : AF であると。AC と AF の比は AJ の平方と AF の平方に等しい (AC : AF = AJ^2 : AF^2) ので、AB : AE = AJ : AF となり、AJ が比例中項 $\sqrt{AC \times AF}$ なので右辺は $\sqrt{AC} : \sqrt{AF}$ のことである。

このように文章で説明されると数式に慣れたわれわれにはくどくどしいと感じられるかもしれない。しかし、これが『新科学対話』のスタイルなのだ。たしかに、等式を図形と比べ論理を追うのは多少面倒、というよりもそれを通り越して苛々(いらいら)して嫌になるであろう。ガリレオの時代ではこれが普通であったのだろう。相当の忍耐力があったわけだ。

この先、もう少し文章と記号が続くのにつきあってもらわねばならない。どうかご辛抱願いたい。その先に開けてくる世界があるはずだから。

2) その2

ガリレオは「力学の原理」を用いても同じ結果が得られると議論する。

「力学の原理」とは、＜斜面の力の規則＞についての力と辺の長さの関係 (式 (3.21)) であり、静力学の原理である。

$$\frac{\text{G の「分力」}}{\text{G の重さ}} = \frac{\text{AC}}{\text{AB}} \tag{3.21}$$

すなわち、斜面に沿って物体 G にはたらく力（左辺の分子）は、その物体の重さ（「全体の力」）の斜面方向の「分力」であり、分力と重さの比は斜面の高さ (AC) と長さ (AB) の比に等しいというもの（図 3.8）。

ここでは円周上の B ならびに E から最下点 G への落下を考え、$t_{BG} = t_{EG}$ の関係だけを示す。

斜面 BG 上の L 点 (図 4.7) は GE = GL を満たすようにとる。たくさん補助線が引かれているが、NL、HFME は水平線、LI、EK は鉛直線である。

斜面 BG の物体に「力学の原理」を適用すると、物体の重さとその斜面方向にはたらく力 F_{BG} の比は LG(=EG) と LI の比 (物体の重さ：F_{BG} = LG : LI) である。同様に、斜面 EG 上の同じ物体では重さと斜面方向のはたらく力 F_{EG} の比は EG と EK の比 (物体の重さ：F_{EG} = EG(=LG) : EK) である。したがって、物体にはたらく斜面方向の力の比は

$$\frac{F_{BG}}{F_{EG}} = \frac{\text{LI}}{\text{EK}} \tag{4.11}$$

となる。LG=EG を満すように L 点を定めた理由がこれで理解できるであろう。

傾斜角の異なる斜面に沿ってはたらく力を、問 4 (p.32) では斜面の高さを等しくして比較した (式 (3.22)) のに対して、上式は斜面の長さを等しくして比較したものになっている。

それに従うと、「＜速さ一定の法則＞の証明」の③(p.36) の論点は「傾斜角の異なる斜面に沿ってはたらく力の比は、同じ時間内に物体が通過する距離の比に等しい」ことをいうが、それは表現を変えれば「はたらく力の比と斜面の長さの比が等しければ、物体は同じ時間内に両斜面を降下する」ということである (式 (3.26))。

よって、LI : EK = BG : EG であることを示せば、B ならびに E から降下した物体は同時に G に辿り着くことを証明したことになる。

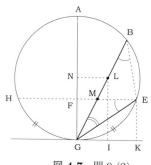

図 **4.7** 問 9 (2)

そこで、△BGE と △MGE を考えると、∠BGE は共有され、∠EBG と ∠MEG は同じ長さの円弧 EG と円弧 HG が円周上に張る角であるので等しく、したがって、2 つの 3 角形は相似であって

$$\frac{BG}{EG} = \frac{EG}{MG} = \frac{LG}{MG} = \frac{NG}{FG} = \frac{LI}{EK} \tag{4.12}$$

である。

上式での左から右への移行は、L 点は EG = LG を満たし、また AG と BG を横切る LN、EMF は水平面と平行な直線であることにもとづく。

以上から、式 (4.11) は

$$\frac{F_{BG}}{F_{EG}} = \frac{BG}{EG} \quad \Rightarrow \quad t_{BG} = t_{EG} \tag{4.13}$$

であって、斜面 BG と EG の降下時間が等しいことがわかる。

3) その 3

直径は最大長の弦である。このことを用いて、ガリレオは A から円周上の任意の点への降下と円周上の任意の点から最下点 G への降下の両降下時間が等しいことを導く。

斜面 AB の降下時間 t_{AB} と直径 AG の落下時間 t_{AG} を考える (図 4.8)。

BC は水平線で AG と直角に交わる。△ABC と △ABG は相似のため、AC×AG = AB² である。

さて、AC の降下時間 t_{AC} と AG の降下時間 t_{AG} の比は

$$\frac{t_{AC}}{t_{AG}} = \frac{\sqrt{AC}}{\sqrt{AG}} = \frac{\sqrt{AC \times AG}}{AG} = \frac{AB}{AG} \tag{4.14}$$

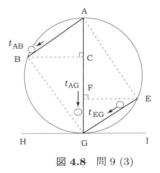

図 4.8　問 9 (3)

であり、一方、問 5 の「斜面 AB を降下するに要する時間 t_{AB} と同じ高さの鉛直面 AC を落下するに要する時間 t_{AC} の比は、斜面の長さ AB と高さ AC の比に等しい」という命題を AB と AC を降下する物体に適用すれば、

$$\frac{t_{AB}}{t_{AC}} = \frac{AB}{AC} \tag{4.15}$$

の関係が得られる。

これらから

$$\frac{t_{AB}}{t_{AG}} = \frac{t_{AB}}{t_{AC}} \times \frac{t_{AC}}{t_{AG}} = \frac{AB}{AC} \times \frac{AB}{AG} = \frac{AB^2}{AC \times AG} = 1 \quad \Rightarrow \quad t_{AB} = t_{AG} \quad (4.16)$$

が導けるわけである。

故に、最高点 A から（G を含む）円周上の任意の点 B への降下時間はつねに等しいことがわかる。

まったく同様に、斜面 EG と AG の降下についても考えることができ

$$t_{EG} = t_{AG} \quad (4.17)$$

が得られ、（A を含む）円周上の任意の点 E から最下点 G への降下時間はつねに等しいのである。

さらに、両者から最高点 A から円周上の任意の点 B への降下時間 t_{AB} と、円周上の任意の点 E から最下点 G への降下時間 t_{EG} は等しく、それは最高点 A から最下点 G への鉛直落下の時間 t_{AG} に等しいのである ($t_{AB} = t_{EG} = t_{AG}$)。

3 角形から円へ

問 10 ： 「任意の 1 点 A から鉛直線 AG を引き、それに沿っての落下時間 t_{AG} と等しい降下時間 t_{AB} を要する斜面 AB を求めれば、AB は鉛直線 AG を直径とする円の弦である」 ことを証明せよ。

これは問 9 を逆さまに表現した命題である。

斜面 AB と鉛直面 AC を降下する時間の比、ならびに鉛直面 AC と AG を降下する時間の比をとると、それぞれは

$$\frac{t_{AB}}{t_{AC}} = \frac{AB}{AC} \quad (4.18)$$

$$\frac{t_{AC}}{t_{AG}} = \frac{\sqrt{AC}}{\sqrt{AG}} = \frac{AC}{\sqrt{AC \times AG}} = \frac{AC}{AJ} \quad (4.19)$$

であり（AJ は AC と AG の比例中項：$AJ = \sqrt{AC \times AG}$）、したがって、

$$\frac{t_{AB}}{t_{AG}} = \frac{t_{AB}}{t_{AC}} \times \frac{t_{AC}}{t_{AG}} = \frac{AB}{AJ} \quad (4.20)$$

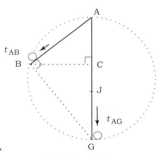

図 **4.9** 問 10

となる。この両落下時間 t_{AB} と t_{AG} が等しいとは

$$AB = AJ \quad \Rightarrow \quad AB^2 = AC \times AG \quad \Rightarrow \quad \frac{AC}{AB} = \frac{AB}{AG} \quad (4.21)$$

を意味する。これは △ABC と △ABG が相似であって、∠BCA=∠ABG が等しいことを示し、∠BCA=90° であるので、∠ABG=90° である。これは AG を直径とする円周上に B 点があるための条件である。

これが問 10 の証明である。

これはガリレオが問 9 の命題を見出した経緯に当たるものであろう。

問 9 の鉛直円を考える以前において、ガリレオは鉛直落下と斜面に沿う降下をいろいろと検討し、〈速さ一定の法則〉や問 7 や問 8 に示されるような定理を導く。

このとき、ガリレオは当然、鉛直落下と斜面の降下が等しい時間を要する条件を考えたはずで、その結果は $AB^2 = AG \times AC$ であって、幾何図形に熟達したガリレオなら、すぐに ∠ABG=90° であること、すなわち、B は AG を直径とする円周を形作ることに気づいたに違いない。

このような思考のジャンプは不思議でもなく、仕事や研究に毎日々々没頭して、寝ても覚めても考え続けた経験のある人ならわかることと思う。1 つの事項は関連する発想へと直ちに結びつくのである。

「等速度運動」と「等加速度運動」のつくる円ならびに球

ガリレオは 3 人の対話において、よき質問者であるサグレドにつぎのように言わせる。

水平面上の固定した任意の 1 点（定点）から、すべての方向に無限にのびる直線を引き、その各々に沿って一定の速さで運動（「等速度運動」）する点を想定する。

運動する点は定点を中心とする円周をつくり、その半径は時間に比例して増加する（図 4.10(a)）。池の水面に石を落としたときの、波紋の広がりを考えればよい。

こんどは鉛直に立った平面上に、同じように定点とあらゆる方向に無限にのびる直線を想定する。定点からある瞬間に、それぞれの直線に沿ってすべての点が静止状態から重力に引かれて運動をはじめると、ここでも運動する点は円周を形づくる。

しかし、こんどの場合は、時間とともに拡大する円周の半径は経過する時間の平方に比例して増加し、円周は定点で固定される（図 4.10(b)）。

この違いは、運動が重力下の「等加速度運動」のためである。

これらの運動を平面から拡張して、3 次元の空間に展開してみる。すなわち、空間のすべての方向に直線を引くのである。前者（等速度運動）では定点を中心とし半径が時間に比例して増加する球面となり、後者（等加速度運動）では同じく球面をつくるが、球面の 1 点は定点に固定され、半径は時間の平方で増加する。

ガリレオを代弁する対話者のサルヴィアチは「これはほんとうに美しい発想だ」と、

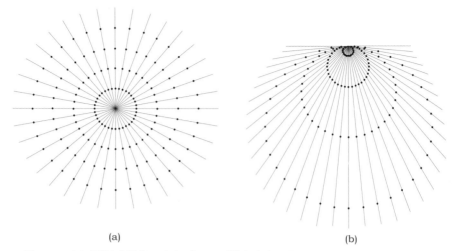

図 4.10 (a)「等速度運動」、ならびに (b)「等加速度運動」する点の集合体がつくる円周

また、シンプリチオは「これらの驚くべき結果の背後に、何か大きな神秘がひそんでいるのではないか」と感じると。

ガリレオは賛成しながらも、それは自分たちの研究よりもさらに一段深いレベルのものであるのでその研究は将来の研究者に任せて、当面はここでの解明を究めようとさらに先へ進むことを提案する。

4-3　ガリレオ、苦もなく初速度をもつ降下運動に対処する

図形幾何は初速度には対処できない？

ガリレオの「等加速度運動」の定義 (p.14) には「静止状態からはじまる運動」とあるが、物体が初速度をもつ場合でも「等しい時間間隔ごとに等しい速度の増加を得る運動」の文言は定義として充分に成り立つ。にもかかわらず、わざわざ「静止状態からはじまる運動」を入れる必要があったのか？

必要なのである。

初速度ゼロの「等加速度運動」では速さは時間に比例し (式 (2.2)：$v \propto t$)、距離は時間の平方に比例する (式 (1.1)：$\ell \propto t^2$) ので、前節までにみたように時間の「比」と速さの「比」と距離の「比」を関連づけることができたのである。

ところが、ゼロでない初速度 (v_0) をもてば、速さは時間に比例するだけでなく、初

速度の一定値の寄与が追加される。また、距離は時間の平方に比例するだけでなく、初速度が関与する時間に比例する寄与が追加される。初速度に関する余分な寄与が生じるため、比例関係のもとで成り立っていた時間の「比」と速さの「比」と距離の「比」の関係が崩れてしまう[1]。

したがって、ガリレオ流の扱いでは初速度がゼロでなくては困るのである。

ガリレオの幾何学的アプローチに感心しながらも、それは初速度がゼロという条件下でのみ通用するものだから著者が感嘆するほど大したことではないと、ある種の抗う気構えをもった読者もおられるであろう。そして、ここでそうだ！と賛意を表されたか？

さあ、ここからその初速度をもつ降下運動を扱う。

ガリレオの発想に注目しよう。

初速度によらない降下時間と斜面の長さの関係

問 11 ： 「運動のはじめに物体が静止していても、あるいは速度をもっていても、斜面に沿っての降下時間と同じ高さの鉛直面の落下時間の比は、斜面の長さと高さの比に等しい」 ことを示せ。

高さが BC の 3 角形 $\triangle$BDC を考える (図 4.11)。斜面 BD と鉛直面 BC の降下時間 t_{BD} と t_{BC} の比は、初速度の如何にかかわらず、斜面 BD と鉛直面 BC の長さの比

$$\frac{t_{BD}}{t_{BC}} = \frac{BD}{BC} \qquad (4.23)$$

であるという。

静止からはじまる運動の、斜面と鉛直面の間の関係を扱った問 5(p.41) を、初速度をもつ場合に拡張した命題である。

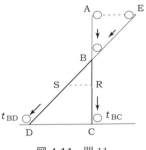

図 4.11　問 11

---

[1] 初速度 v_0 があるときの速さ v、距離 ℓ を高校で学ぶ代数式で表記すると、$v = gt + v_0$, $\ell = \frac{1}{2}gt^2 + v_0 t$ であって、時間 t_1, t_2 での速さの比、ならびに距離の比は

$$\frac{v_2}{v_1} = \frac{gt_2 + v_0}{gt_1 + v_0} \neq \frac{t_2}{t_1}, \qquad \frac{\ell_2}{\ell_1} = \frac{\frac{1}{2}gt_2^2 + v_0 t_2}{\frac{1}{2}gt_1^2 + v_0 t_1} \neq \left(\frac{t_2}{t_1}\right)^2 \qquad (4.22)$$

となり、それぞれ時間の比には比例しないし、時間の比の平方に比例しない。

1) 初速度を与える方法

B で物体に速度を与えるため、鉛直面 BC を上方へ延長した A から静止ではじまる落下をさせる。AB の距離を適当に加減することにより、必要な B での速度が得られる。鉛直 AB に沿って落下した物体は B においてその速さのままで瞬間的に方向を変えて、斜面 BD に沿って降下すると想定する。

ガリレオは以降、頻繁にこの手を用いる。

そんなことは力がはたらかないと起こり得ないが、これは思考の単純化としてまず受け入れて進もう。

どうしても抵抗感のある読者には、斜面 BD を延長し A からの水平面との交点である E からの静止ではじまる降下運動を想定すればよい。これは現実にあり得る運動である。

すなわち、A あるいは E から降下をはじめた物体は、B で同じ速さをもつ。これは〈速さ一定の法則〉(p.33) である。そして、EB と BD は一直線であるので、E から降下をはじめた物体は B 通過時に特別な想定など必要とせず、連続的に斜面を降下する。一方、初速度をもって BC を鉛直落下する物体については、A からの静止ではじまる自由落下運動を考えればよい。

2) 問 5 にもとづいて解く

さて、解き方は一つでなく、ガリレオは AC と AB の、ならびに ED と EB の比例中項 AR と ES をとる。

ここではすでに証明した問 5(p.41) の命題を活用する。

ED の降下時間と AC の落下時間の比は、ED と AC の比に等しく、EB の降下時間と AB の落下時間の比は、EB と AB の比に等しい。

$$\frac{t_{ED}}{t_{AC}} = \frac{ED}{AC}, \qquad \frac{t_{EB}}{t_{AB}} = \frac{EB}{AB} \tag{4.24}$$

そして、AE は水平面 DC と平行なので、ED と AC の比は EB と AB の比に等しく、それらは BD と BC の比に等しい。

$$\frac{ED}{AC} = \frac{EB}{AB} = \frac{BD}{BC} \tag{4.25}$$

である。故に、式 (4.24) の落下時間についての 2 つの比は等しく、かつそれらは BD と BC の比でもある。

$$\frac{t_{ED}}{t_{AC}} = \frac{t_{EB}}{t_{AB}} = \frac{BD}{BC} \tag{4.26}$$

BD の降下時間は ED の降下時間から EB の降下時間を引いたものであり、BC の落下時間は AC の落下時間から AB の落下時間を引いたものであるので、BD の降下時

間と BC の落下時間の比は式 (4.26) の 2 つの時間の比から、

$$\frac{t_{\rm BD}}{t_{\rm BC}} = \frac{t_{\rm ED} - t_{\rm EB}}{t_{\rm AC} - t_{\rm AB}} = \frac{t_{\rm AC}\left(\frac{\rm BD}{\rm BC}\right) - t_{\rm AB}\left(\frac{\rm BD}{\rm BC}\right)}{t_{\rm AC} - t_{\rm AB}} = \frac{\rm BD}{\rm BC} \qquad (4.27)$$

BD と BC の比に等しいことがわかる。証明終り。

図 4.12 では、斜面と鉛直面をずらして静止からはじまる降下位置を合わせた。こうすると、問 11 の命題が一層よくわかるであろう。

静止から降下を始めた物体は、斜面であろうが鉛直面であろうが、同じ高さの区間を降下する時間はその通過距離に比例する。

そのことから、同じ初速度をもって等しい高さを降下する時間も、通過距離に比例することがわかる。

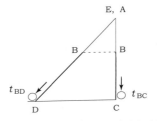

図 4.12　図 4.11 の A と E を合わせる

問 12：　上では斜面と鉛直面の降下時間を扱ったが、つぎに傾斜角の異る斜面 (BD と BF) 間の降下時間について問 11 の命題が満されること、すなわち、

$$\frac{t_{\rm BD}}{t_{\rm BF}} = \frac{\rm BD}{\rm BF} \qquad (4.28)$$

であることを示せ (図 4.13)。

これは問 6 の初速度をもつ場合への拡張である。

簡単なため証明は読者にお任せしよう。問 6 と同じようにやればいいのだ。

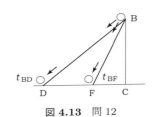

図 4.13　問 12

斜面が折れているとき

問 13：　「静止状態から物体が A から D へ降下するとき、斜面が途中 B で 2 分割されている場合を考える (図 4.14)。AB の降下時間 $t_{\rm AB}$ と残りの BD の降下時間 $t_{\rm BD}$ の比は、長さ AB と BS の比に等しい」ことを示せ。

AR は AB と AC の比例中項であって、RS は水平線である。

この命題は AB を降下する時間 $t_{\rm AB}$ を辺の長さ AB で表すと、BD を降下する時間 $t_{\rm BD}$ は辺の長さ BS で表せるという。

$$\frac{t_{\mathrm{BD}}}{t_{\mathrm{AB}}} = \frac{\mathrm{BS}}{\mathrm{AB}} \tag{4.29}$$

すでに登場した命題であるが、はじめに鉛直落下で考える (図 4.14(a))。

鉛直面が B で 2 分割され AB を落下するに要する時間 t_{AB} を長さ AB で表すと、AD の落下時間 t_{AD} は AD と AB の比例中項 AS の長さである。よって、BD を落下するに要する時間は $t_{\mathrm{BD}} = t_{\mathrm{AD}} - t_{\mathrm{AB}} = \mathrm{AS} - \mathrm{AB} = \mathrm{BS}$ の長さで表せる。

この命題は AD が鉛直でなく、傾斜角をもっていても成り立つ。

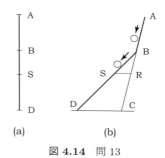

(a)　　(b)

図 4.14 問 13

そこでつぎに、2 分割点 B において経路が折れ曲がっている場合である (図 4.14(b))。

これも簡単で、降下時間 t_{BC} と t_{AB} の比は辺の長さ BR と AB の比であり、降下時間 t_{BD} と t_{BC} の比は辺の長さ BD と BC の比 (問 12) であり、それはまた BS と BR の比であるので、

$$\frac{t_{\mathrm{BD}}}{t_{\mathrm{AB}}} = \frac{t_{\mathrm{BD}}}{t_{\mathrm{BC}}} \times \frac{t_{\mathrm{BC}}}{t_{\mathrm{AB}}} = \frac{\mathrm{BS}}{\mathrm{BR}} \times \frac{\mathrm{BR}}{\mathrm{AB}} = \frac{\mathrm{BS}}{\mathrm{AB}} \tag{4.30}$$

と導ける。

ガリレオ流マスター試験

読者はすでにガリレオ流の力学をマスターしたであろう。

以下にガリレオの命題を 5 つ問として挙げた。

理解度を確かめながら、読者自身で解法を試みよ。

ガリレオは答えがはじめからわかっているような解き方をしているところがあるが、いろいろと導き方があるので読者のみなさんは自分のやり方で楽しめばよいと思う。

なお、問 14-18 の解法は付録 B (p.130-132) に記してある。

> 問 14 ：　「B で交差する鉛直面 AC と任意の斜面 ED が、2 つの水平面 AE と CD で限られているとき (図 4.15)、AC の降下時間 t_{AC} と AB を降下しさらに BD を降下する時間 t_{ABD} の比は AC と AR+SD の比に等しい」　ことを示せ。

ただし、AR は AB と AC の比例中項であり、ES は EB と ED の比例中項であって、SD=ED-ES である。

図 4.15　問 14

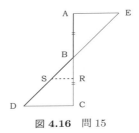

図 4.16　問 15

問 15 :　前問において AB=BC とする。静止状態から AB を鉛直に落下 (t_{AB}) して、B 点で曲がり斜面 BD を降下 (t_{BD}) するとき、$t_{AB} = t_{BD}$ となる斜面 BD の長さを求めよ (図 4.16)。

　答えは、斜面 BD が $(\sqrt{2}+1) \times AB$ の長さであればよく、$\sqrt{2}AB$ の長さとは 2 つの辺が AB の長さをもつ直角 3 角形の斜辺の長さである。

問 16 :　前問において AB=BC の条件がないとき、$t_{AB} = t_{BD}$ となる鉛直面 AB の長さを求めよ (図 4.17)。

　3 角形 △BDC が与えられて、垂線 BC を上方へ延長し AB とする。静止状態で A から鉛直落下をはじめ、B で斜面の降下に移る。斜面を降下する時間 t_{BD} と等しい時間 t_{AB} で鉛直落下する距離 AB を求める問題である。

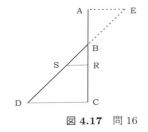

図 4.17　問 16

問 17 :　図 4.18 に示すように物体が A から落下をはじめ、B から斜面 BD を降下する (t_{BD}) か、あるいは引き続き鉛直落下する (t_{BC}) とき、両降下時間が等しくなる鉛直面 BC の長さを求めよ。

　斜面 BD を延長して、A からの水平線との交点を E とする。斜面 EB と ED の比例

中項を ES とし、BR=BS なる点 R を鉛直面にとり、AR が AB と AC の比例中項になるように BC の距離を定めればよい。

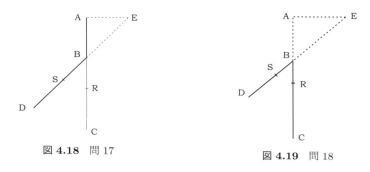

図 4.18　問 17　　　　　　　　図 4.19　問 18

問 18：同一点 B から斜面 BD と鉛直面 BC がある (図 4.19)。静止からはじまる各々の降下時間が等しい ($t_{BD} = t_{BC}$) ならば、水平線 AE で示す任意の高さから降下した物体は鉛直面 BC よりも斜面 BD を短い時間で通過する ($t_{BD} < t_{BC}$) ことを示せ。

『新科学対話』では定理や命題はさらに続くが、「斜面の降下」についてのガリレオの幾何学的なアプローチの理解と、その面白さを知るにはこれで充分であろうから、ここでいったん打ち切ろう。

興味ある読者は、続きを『新科学対話』で読むことを勧めたい。

ここまでが『新科学対話』の第 3 日の対話で扱われているところであった。つぎは、第 4 日で扱われる「投射体の放物線運動」に進もう。

第5章
放物線

ガリレオは、投射された物体の描く軌道が放物線軌道であること、ならびに関連する多くの命題を以下で証明する。

地上での水平面とは重力のはたらく方向に対して垂直な面と定めるので、水平方向には重力がはたらかない。それ故、他の外力が作用していない物体は、第2章で知ったように水平方向には「等速度運動」をする。

ところが、この水平な面が途中で途切れると、物体は水平方向には依然として「等速度運動」を続けるが、鉛直方向には重力に引かれて「等加速度運動」を行う。

現実に起こるこの運動はこれら「等速度運動」と「等加速度運動」を合成したものであって、**放物線軌道**を描く。

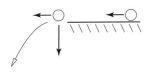

図 5.1　投射体の運動

ガリレオはこのように投射体が放物線の軌道を描くことをつぎのように導く。

5-1　ガリレオ、放物線の初歩的な2命題を導入する

円錐を切ると放物線

ガリレオは放物線を説明するために、アポロニウス[1]の円錐曲線に言及する。

円錐をその辺に平行に切ると、その切り口が放物線である（図 5.2(c)）。この当時の人たちにはこの説明がわかり易かったようだ。なぜならば、数学をする者が一般教養として身につける学問の一つが、ギリシャ・ローマ時代以来のユークリッド幾何学であった。

---

[1] アポロニウス (Apolionius, 紀元前 262 年－紀元前 190 年) はギリシアの数学者であり、円、楕円、放物線、双曲線を円錐の断面が示す円錐曲線として研究し（図 5.2）、ユークリッドの幾何学を発展させた。

いまのわれわれには、放物線とは $y = ax^2 (a=$比例係数 $(=$定数$))$ のように、x の関数である y が x の平方に比例して変化するものと指摘するだけで充分であろう。

物体の水平方向への通過距離が x であり、鉛直落下距離が y であって、その物体の空間での軌道が放物線を描くことを指す。ところが、さきにも述べた通り、デカルト以前には x 軸、y 軸をもつ座標系すら発明されていない。では、ガリレオはどのようにして放物線を分析（解析）してゆくのだろうか。

円錐曲線とは

ガリレオの考えにならって放物線を見出す前に、この機会に円錐曲線を知っておくことは現代の数学から見ても充分に価値があることだからさっそく見ておこう。

図 5.2 にみるように、円錐面をその底面と平行に平面で切ると切り口は円 (図 (a)) を、平面を底面に平行ではなく傾けてゆくと切り口は楕円 (図 (b)) を、さらに傾け円錐面と平行に切ると切り口は放物線 (図 (c)) を、底面に垂直に切ると切り口は双曲線 (図 (d)) を示す。

円錐曲線とはこのように円錐面（3 次元空間につくられた 2 次元面）を平面で切ったときの切り口の示す曲線群（2 次元関数）の総称である[2]。

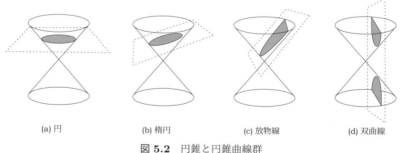

(a) 円　　(b) 楕円　　(c) 放物線　　(d) 双曲線

図 **5.2**　円錐と円錐曲線群

ガリレオは投射体の運動を論じるために必要な放物線曲線についての 2 つの初歩的な定理を、準備作業としてまず展開する。それは、以降の議論はこの 2 つの定理だけを用いて進めるからである。

第 1 の定理は、放物線とは如何なるものかを円錐の切り口から導く命題である。

第 2 の定理は、放物線とその接線についての命題である。

---

[2] 資料文献 『力学読本 — 自然は方程式で語る』（10-2 節 p.243）に円錐曲線の関数形も含め議論してあるので、参考に。

初歩的な命題-1 : 放物線とは

では、ガリレオにしたがって第1の命題からはじめる。

図形の記号について少しコメントしておく。
『新科学対話』の第3日目（斜面の降下運動）では図形の辺を大文字のアルファベットで記されているが、ここ第4日目（放物線運動）では小文字のアルファベットに代っている。区別する理由は解らないが、本章の表記もそれに従った。

放物線の初歩的な命題-1　「円形の底 ibkc と頂点 ℓ をもつ直円錐を考える（図5.3）。その辺 ℓk に平行に円錐を切ってできる切り口の曲線 bac を**放物線**という。

この放物線の底 bc は円 ibkc の直径 ik を直角に横切り、軸 ad は辺 ℓk に平行である。放物線上に任意の点 f をとり、bd に平行に fe を引くと、$bd^2 : fe^2 = ad : ae$ となる」

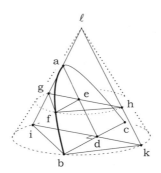

図 **5.3**　円錐とその切り口

これをつぎのようにして導く。

円 ibkc に平行で、点 e を横切る平面を考えると、それは直径が geh の円をつくって円錐を横切る。直線 bd は円 ibkc の直径 ik に垂直なので、$\triangle ibd$ と $\triangle bkd$ が相似であって、$bd^2 = id \times dk$ の関係がある。同様に、$\triangle gfe$ と $\triangle fhe$ が相似であるので $fe^2 = ge \times eh$ の関係が得られる。

そして、eh と dk、ならびに hk と ed が平行なため、それぞれは互いに等しく、また、$\triangle age$ と $\triangle aid$ が相似なため、$ge : id = ae : ad$ であるので

$$\frac{fe^2}{bd^2} = \frac{ge \times eh}{id \times dk} = \frac{ge}{id} = \frac{ae}{ad} \tag{5.1}$$

の関係（bd² : fe²=ad : ae）が曲線 bfa に成り立っていることが示せた。
　すなわち、放物線ではその軸上の距離 ae と ad の比は、fe の平方と bd の平方の比に等しく、また、矩形の面積 ge×eh と id×dk の比に等しいのである。
　式 (5.1) はいま流に表現すると、

$$\mathrm{ae} = \left(\frac{\mathrm{ad}}{\mathrm{bd}^2}\right) \times \mathrm{fe}^2 \quad \Rightarrow \quad y = ax^2 \tag{5.2}$$

である。$(a =)\mathrm{ad}/\mathrm{bd}^2$ は円錐の切り方によって定まる値をもち、放物線の形を反映する。切り口を頂点 ℓ 近くにとると、a は大きな値をもち、ae に対して fe の狭い放物線となる。逆に、頂点 ℓ から遠くに切ると、ae に対して fe の広い放物線となる。
　アルファベットの各点をたどり、作図しながら論理を追いかけるのは大変であったであろう。
　ガリレオ当時の人々の思考論理はこのように、いまのわれわれから見れば大変 煩わしく、かつ混乱をきたしやすい手順にもとづいたようである。それを武器に研究を遂行した忍耐力、論理力に舌を巻くばかりだ。

初歩的な命題－2　：　直角3角形の斜辺は接線

　つぎに第2の初歩的な命題である放物線とその接線について述べている。
　放物線（破線）の軸 ad を上方に延長して p 点とする（図 5.4）。放物線の任意の点 f から放物線の底 bd に平行に直線 fe を引く。
　このとき、pa = ae ならば、p と f を通る直線は f で放物線の接線となる。すなわち、その延長線を含めて直線 pf は放物線を切ることなく、つねに放物線の外にある。
　ガリレオは背理法を用いて、この命題をつぎのように導く。
　図 5.5(a) のように直線 pf が上から下へと放物線を f において外から内へ横切ると想定する。

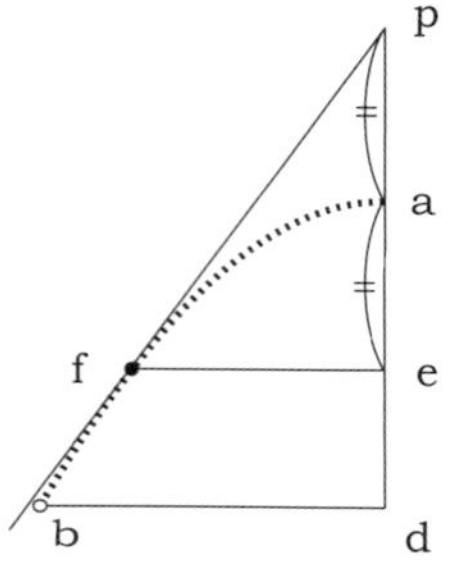

図 5.4　放物線とその接線（1）

直線 pf と直線 bd の交点を q とすれば、$bd^2 : fe^2 > qd^2 : fe^2$ であり [3]、bfa が放物線であることから $bd^2 : fe^2 = ad : ae$ であって、故に、$ad : ae > qd^2 : fe^2$ である。

さらに、Δpfe と Δpqd の相似関係 ($qd : fe = pd : pe$) から直前の式は $ad : ae > pd^2 : pe^2 \ldots$ ① となる。

それに加えて、$ad : ae = ad : pa = 4\,ad \times pa : 4pa^2 = 4ad \times pa : pe^2 \ldots$ ②であるので、式①と②から

$$\frac{4ad \times pa}{pe^2} > \frac{pd^2}{pe^2} \rightarrow 4ad \times pa > pd^2 = (ad + pa)^2$$

$$\Rightarrow ad \times pa > \left(\frac{ad + pa}{2}\right)^2 \tag{5.4}$$

との結論に論理的にたどり着く。

図 5.5(b) のように直線 pf が上から下へと放物線を f において内から外へ横切る場合にも、同じ結論に達する（証明は省略）。

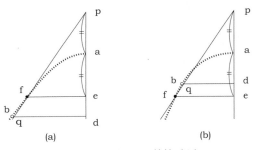

図 **5.5** 放物線とその接線（２）

いま、図 5.6 に示すように、(a) 任意の長さの直線 (L) を 2 つの等しい部分 (L/2) に分割したときと、(b) 2 つの不等部分 (M) と (L-M) に分割したときを考えると、前者の囲む矩形面積 (L/2× L/2) は後者の囲む矩形面積 (M×(L-M)) よりも大きくなる。

$$\left(\frac{L}{2}\right)^2 > M \times (L - M) \tag{5.5}$$

それは面積の差が 2 つの分割点の距離 ((L/2)-M) の平方に等しい、つまり、差が正値

---

[3] ガリレオの記法通りに記しているが、

$$\frac{db^2}{fe^2} > \frac{qd^2}{fe^2} \tag{5.3}$$

の形で表記する方がしっくりくる読者は、以下同様に扱って理解することを勧める。

をもつ (次式) ことからわかる。

$$\left(\frac{L}{2}\right)^2 - M \times (L-M) = \left(\frac{L}{2} - M\right)^2 > 0 \tag{5.6}$$

式 (5.5) はつねに成り立つ関係である。

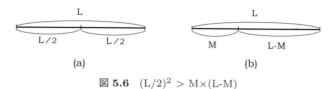

図 **5.6** $(L/2)^2 > M \times (L\text{-}M)$

ここで、図 5.5 に L = pd = ad + pa, M = pa, L − M = ad を相当させて考えると、式 (5.4) は

$$\left(\frac{L}{2}\right)^2 < M \times (L-M) \tag{5.7}$$

となり、本来あるべき関係、式 (5.5)、と矛盾することになる！

式 (5.4) の結論に至る途中の論理に間違いがないということは、はじめの直線 pf が f 点において放物線を横切るという想定が間違っていたわけで、直線 pf は放物線を横切らない、すなわち、f 点を通る接線であるということだ。

ここでも手順が大変面倒であるが、これがガリレオの図形幾何である。

以降に重要なので、導いた命題を繰り返しておく。

放物線の初歩的な命題− 2 「巾 fe、高さ ae の放物線 af があるとき（図 5.4）、f において接線を引き、軸 ae の延長線との交点を p とすれば、pa=ae である。あるいは、放物線上の任意の点を f とすれば、pa=ae なる直角3角形 △pfe の斜辺 pf は放物線の f における接線となる」

なお、式 (5.5) の関係は相加平均（の平方＝左辺）と相乗平均 （の平方＝右辺）の用語を使って、前者はつねに後者よりも大きい、と表現する方が読者には馴染みがあるかもしれない。

5-2 ガリレオ、水平「等速度運動」と鉛直「等加速度運動」の合成は放物線軌道を描くことを示す

問 19 : 「水平等速度運動と鉛直等加速度運動が合成された物体の運動は、放物線なる経路を描く」 ことを示せ。[4]

図 5.7 のように、水平面 ab に沿って物体が a から b に向かって「等速度」で運動していると想像しよう。

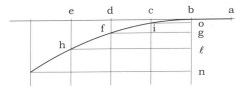

図 5.7 水平等速度運動と鉛直等加速度運動の合成

この平面が b で途切れているならば、物体は b においてその重さのために落ちはじめる。つまり、鉛直方向には「等加速度運動」をはじめる。その鉛直落下距離は時間の平方に比例することをわれわれはすでに知っている。

そこで、水平線 ab を延長し、ab と等間隔に分割した c, d, e をつくる。そして、それらから鉛直線 bn に沿って平行な直線を引く。c(cb = ab) から任意の鉛直距離 ci をとり、d(db = 2ab) からはその 4 倍の距離 df(=4ci) を、e(ed = 3ab) からはその 9 倍の距離 eh(=9ci) をとり、以下同様に水平距離の平方に比例するように鉛直距離をとる。

c, d, e, ... は b から、ab の長さの 1 倍、2 倍、3 倍、... であるとともに、物体は水平方向に等速度で運動しているのだから、これらの点は ab を通過するに要した時間を基準とした物体の運動時間を表すものでもある。

したがって、物体が b から c へ等速度で運動する間に、それに応じて鉛直距離 ci だけ落下し、結局 bc 時間後には物体は i に達することになる。

同様に、bd 時間後には f に、be 時間後には h に、... に達する。なぜなら、自由落下運動(等加速度運動)では落下距離は時間の平方に比例するからである。

i, f, h, ... から水平線を引き、鉛直線 bn との交点を o, g, ℓ, ... と記せば、io = cb, fg = db, hℓ = eb, ... であり、bo = ci, bg = df, bℓ = eh, ... であって

---

[4] ガリレオは対称な放物線の片側だけを意味して「半放物線」とよぶが、本書では片側も両側も「放物線」と記す。

$$\frac{\text{fg}^2}{\text{io}^2} = \frac{\text{gb}}{\text{ob}}, \qquad \frac{\text{h}\ell^2}{\text{fg}^2} = \frac{\text{b}\ell}{\text{bg}}, \qquad \ldots \tag{5.8}$$

である。

故に、i, f, h は同一の放物線上に在ることになる。

以上がガリレオの語る証明である。

ここまでの論理手順を再度確認しよう。

① 物体が水平に等速度で運動していることにもとづいて、一定の距離間隔 (a, b, c, d, e, ...) で水平方向の距離単位をとる。

この運動が等速度のため、つまり、通過距離と通過時間が比例するため、cb, db, eb, ... は物体の運動時間を表すものともできる（鉛直落下をはじめた b 点が距離ならびに時間の基準点（原点）である）。

ここで、水平軸の意味が水平距離 (x) から時間 (t) に変わった。

② つぎに、等加速度の落下運動では落下距離（鉛直方向 y）は落下時間 (t) の平方に比例する ($y \propto t^2$) ので、単位時間 cb に落下する距離 ci を基準距離ととり、時間に対する落下距離の関係 (t-y) を示す ($i \to f \to h \to \ldots$)。

この曲線も放物線を描くが、それは時間に対する落下距離の関係である。求めようとしているのは空間における物体の描く軌道が放物線であること、つまり、水平方向の通過距離と鉛直方向の落下距離の関係 ($y \propto x^2$) であることに留意しなければならない。

③ したがって、つぎに時間を水平距離に戻すことによって、作図した $y \propto t^2$ の関係から $y \propto x^2$ の軌道図が得られる。

式 (5.8) は、隣り合う一定間隔の水平距離同士では落下距離の比は水平距離の平方の比に等しいことを示すとともに、それらの任意の組み合わせにおいても落下距離の比は水平距離の平方の比に等しいことを示す。たとえば、

$$\frac{\text{h}\ell^2}{\text{io}^2} = \frac{\text{b}\ell}{\text{bo}}, \qquad \ldots \tag{5.9}$$

である。

④ ガリレオは任意の大きさの水平距離間隔を単位としたときでも（それは同時に任意の大きさの時間間隔を単位としたときでも）、水平「等速度運動」と鉛直「等加速度運動」の合成で構成するこの物体の位置は同一の放物線上にある、ことを式 (5.8) は証明していると最後の詰めを行って、物体の軌道は放物線を描くことを導いている。

『新科学対話』が書かれたのはほぼ 400 年前であって、ニュートンが『プリンキピア』で「力学」を提唱するのはそのほぼ 50 年後である。よって、「万有引力」の考え

もなく、ニュートンの運動方程式も存在しなかった。ずいぶんと古いため、ガリレオをはじめとする当時の人々の自然に関する論理的な考えもいまと比べ、遥かに遅れていたであろうとついつい考えてしまう。

ところが、上記の放物線軌道に続くガリレオの議論を知ると、この思いはまったく不遜であり、現在とそれほど違わないのである。

投射体についてのガリレオの洞察力の豊かさをみてゆこう。

地球の大きさを考えると

3人の対話において、良き質問者であるサグレドはつぎのように疑問を抱く。

落体が描く放物線軌道の軸は水平に対して垂直であり、地球中心に達するものである。ところが、落下する物体の放物線は次第にその軸から遠ざかっていくのだから、どんな物体も地球中心に到達できないことになる。

しかしながら、落体は地球の中心に引かれるので、その軌道は放物線とまったく異なる曲線となるのではないか？　と (図 5.8(a))。

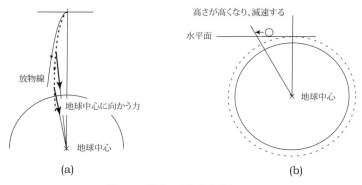

図 **5.8**　地球の大きさを考えると

また、同様にアリストテレス哲学の立場に立つシンプリチオもいう。

われわれは水平面を平面で表し、その上のすべての点が地球中心から等距離にあると仮定するが、しかし、これは事実ではあり得ない。

なぜなら、水平面のある一点からいずれかの方向に水平に進めば、地球中心から益々遠ざかり、絶えず高くなってゆく！　そのため、水平面においては運動は等速度ではありえず、段々と速度が減少して行くことになるはずだ、と (図 5.8(b))。

これは水平運動の等速性を壊し、落体の放物線軌道を変化させることになる。

読者も同意するであろう。

ガリレオの代弁者であり、新科学を説くサルヴィアチもこれらの指摘の正しさには同意する。

それらの指摘は厳密に正しく、ここでの取り扱いが成り立つのは、微小量を無視できる状況であるからだと説明する。

すなわち、われわれが扱う装置や距離のスケールは、地球中心から地表までの巨大な距離と比べきわめて小さく、よって、地表面も平面とみなすことができ、その両端から下ろした垂線は地球中心に向かい、かつ平行として扱えるのだと。そうでなければ、建築家は錘(錘(重り)は重力中心である地球中心を向く)を使って側面(壁)の平行な高い塔を建てることができない、と実生活から具体例を挙げる。

現代の教科書としても充分に通用する説明である。

そして、このような取り扱いはアルキメデスを代表とする古代ギリシア時代から正しく行われていたものである、とも主張する。

空気抵抗

ガリレオは落下運動への攪乱として空気の抵抗を議論している。それは物体の形、重さ、速度に依存するうえ、その影響は多様であるので、一定の法則も的確な論述もできない、と言いながらであるが。

ガリレオは大きさが同じで、しかし重さが10倍ほども違う2つの球を落下させると、落下時間にほとんど違いがないことから、抵抗の影響はさして大きくないと実験から推量するのである。また、同じ球を吊るした振り子を用意して、一方を鉛直から80°以上の大きな角度で、他方は4–5°の小さな角度で放し、振動させる。前者の振り子は後者よりも10倍以上の大きな速度をもって振動するが、止まるまでの両者の振動数には大した違いがないことから、ここでも抵抗の影響が小さいことを確認する。

ガリレオの論及はいろいろな運動を観測した結果の推論なのであろう。速度が大きいほど、物体の密度が小さいほど、抵抗が大きいと指摘し、この抵抗の影響を小さくするためには、密度の大きい丸い物体を選ぶとよいことを示唆している。

ガリレオは、空気抵抗のため落下距離は時間の平方に比例しなくなり、落下速度の増加を妨げ、遂には一定の速度に到達すると指摘する。また、水平運動も抵抗がはたらかなければ等速度であるが、空気抵抗のために、速度は減少し、遂には静止する、と述べている。

これらの事柄はいまの大学の「力学」で学ぶ課題でもあって、具体的には、空気抵抗のために落下速度が一定の「終端速度」に達すること、また落下の速度に比例する粘性抵抗や速度の平方に比例する慣性抵抗のことである。そして、いまのわれわれで

あれば、蟻程度の大きさと重さの球ならば、1m 程度の落下距離で 2 (m/s) 程度の終端速度に達することを知っている。

科学的思考法

いろいろの落下物体の形、重さ、速度などを考慮した空気抵抗の影響の完全に正確な取り扱いなどはできない、とガリレオはいう。そこで、問題を科学的に取り扱うためには、先ずこれらの要因を切り離してみることが必要であると。

すなわち、抵抗がないとして、落下運動の定理を発見し、かつ証明したのちに、それを使って経験が教える制約付きで、その定理を現実の世界に当てはめることを主張する。

そのためには、空気抵抗の小さな物体を選ぶことを指示する。また、われわれが扱う距離も速度も法外なものではないので、精確に補正することができる、とも指摘している。

このような思考はまさに現在の科学研究のアプローチそのものである。400 年前のガリレオが同じ姿勢で研究に対処していたのだ！　こうしたわけで、**近代科学の父**とよばれるのもうなずける。

5-3　ガリレオ、速さにも時間にも距離にも尺度基準として共通の辺の長さを与える

速度の合成はピタゴラスの定理で

運動する物体は一般に、水平方向と鉛直方向の両速度成分をもつ。ここでは両成分から速度を合成しよう。

> 問 20：「物体の運動が水平等速度運動と鉛直等速度運動の合成からなるとき、この物体の速度の平方は水平と鉛直方向の速度の平方の和に等しい」[5] ことを示せ。

---

[5] ガリレオは用語「インペト（impeto, 勢い）」を「運動量」を指すような使い方をしている。しかし、本書では第 1 章で述べたように、impetus に関連する用語を基本的に「速度」と取り扱う。

現代の力学では「運動量」(p) は質量 × 速度 (mv) であるが、ガリレオには未だ「質量 (m)」が独立した概念として確立されていなかったようで、「運動量」と「速度」の明確な区別はしていないようだ。

『新科学対話』では重さ (mg) の異なる物体の間での運動の比較は行わず、同じ重さの物体に関して運動を論じている。また、運動では物体の質量 m は変化しないので、インペトを「速度」と解釈しても問題が生じないように扱った。

ガリレオの論理を少し補足しながら現代流に記す。水平ならびに鉛直方向の等速度をそれぞれ $v_\mathrm{H} = bc$ と $v_\mathrm{V} = ab$ と記せば (図 5.9)、任意の時間間隔 Δt （無限小である必要はない）の間に水平、垂直方向への移動する距離はそれぞれの速度に Δt を掛けたものである。

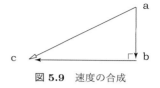

図 **5.9** 速度の合成

この時間内に合成速度 v によって移動する距離 $(\Delta \ell)$ はそれぞれの方向への移動距離を辺とする直角 3 角形の斜辺の長さに相当し、その平方はピタゴラスの定理から $(\Delta \ell)^2 = (v_\mathrm{H} \Delta t)^2 + (v_\mathrm{V} \Delta t)^2$ である。

また、$\Delta \ell = v \Delta t$ であるので、上式は $v^2 (\Delta t)^2 = (v_\mathrm{H}^2 + v_\mathrm{V}^2)(\Delta t)^2$ であり、

$$v^2 = v_\mathrm{H}^2 + v_\mathrm{V}^2 \quad \Rightarrow \quad \mathrm{ac}^2 = \mathrm{ab}^2 + \mathrm{bc}^2 \tag{5.10}$$

を得る。

この論理は空間（長さ）についてのピタゴラスの定理を根底においている。

気づいたであろうか？私たちが学校で速度の合成を習うときには、「水平方向の速度と鉛直方向の速度の合成」であって、本命題のように運動が「等速度」に限られることはなかったはずである。

そのとおりであって、ある**瞬間**の水平ならびに鉛直方向の速度がわかれば、ピタゴラスの定理をそれらの速度に直接適用すればその瞬間の合成速度が得られるわけで、瞬間においては時間が止まっているようなもので等速度運動の速度か非等速度運動の速度か区別自体が意味をなさない。

ガリレオも以降では、水平「等速度運動」と鉛直「等加速度運動」の速度合成をピタゴラスの定理を適用して行っている。

速さも辺の長さで表す

「斜面の降下」では＜速さ一定の法則＞が距離と時間の関係を導くガイド役を果たしたが、投射体の運動では「速さ」も「距離」や「時間」と同じく放物線運動を解き明かすためにそれ自体の重要性を担う。

そこで、「距離」と「時間」だけでなく、「速さ」をも辺の長さで表示する。

> **問 21**： 「静止状態 a からの落下を考える。b までの落下時間 t_ab ならびに b での速さ v_ab を長さ ab で表すとき、他の任意の点 c での速さ v_ac は $v_\mathrm{ac} : v_\mathrm{ab} = \mathrm{as} : \mathrm{ab}$ であり、as は ab と ac の比例中項である (図 5.10)」ことを示せ。

しかしながら、本来的には、「速度」と「運動量」は次元の全く異なる物理量であることを記しておく。

ab を落下するに要する時間 t_{ab} を時間の基準として長さ ab でもって表すと、ac を落下する時間 t_{ac} は ab と ac の比例中項である長さ as=$\sqrt{ab \times ac}$ で表されることは読者はすでに充分に理解している。

念のためにおさらいしておこう。

「等加速度運動」では落下時間 t は落下距離 ℓ の平方根に比例 ($t \propto \sqrt{\ell}$) するので、$t_{ab} \propto \sqrt{ab}$ ならびに $t_{ac} \propto \sqrt{ac}$ であり、その比は

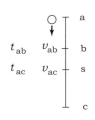

図 **5.10** a の静止から落下する物体の速さ

$$\frac{t_{ac}}{t_{ab}} = \frac{\sqrt{ac}}{\sqrt{ab}} = \frac{\sqrt{ac \times ab}}{ab} \tag{5.11}$$

であって、時間の基準 t_{ab} を長さ ab と定めれば、時間 t_{ac} は長さ as=$\sqrt{ac \times ab}$ で表せる。

さて、「等加速度運動」では速さ v は時間 t に比例する ($v \propto t$)。これは「等加速度運動」の定義である (p.14)。故に、時間の「比」と速さの「比」は等しく

$$\frac{v_{ac}}{v_{ab}} = \frac{t_{ac}}{t_{ab}} = \frac{as}{ab} \tag{5.12}$$

の関係が成り立ち、速さの基準として b での速さ v_{ab} を長さ ab で表すと、速さ v_{ac} は長さ as で表せる。

この証明をガリレオはつぎのように手の込んだ論理を組み立てて行う。以降に行う数多くの証明のための重要な小道具の準備を兼ねているようだ。

ガリレオの論理をその観点から 3 つに分割して記す。

1) 水平通過距離は落下距離の 2 倍 ... 命題 ①

図 5.10 において長さ ab の 2 倍の水平線 bi を引き、また同様に、長さ ac の 2 倍の水平線 cj を引く（図 5.11）。

$$bi = 2 \times ab \tag{5.13}$$

$$cj = 2 \times ac \tag{5.14}$$

さて、b にまで落下した物体がその速さ v_{ab} をもって、一転して水平方向に「等速度運動」すると想定しよう。

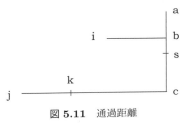

図 **5.11** 通過距離

a からの「等加速度運動」による任意の落下距離 ℓ は、図 2.5 で理解したように、その地点までの所要時間 t とその地点での速さ v の半分との積である ($\ell = (v/2) \times t$)。

このことから、速さ v で時間 t だけ「等速度運動」すれば、移動距離は速さと時間の積であって、それは落下距離 ℓ の 2 倍である（$vt = 2 \times \ell$）。

したがって、a から b への落下時間 t_{ab} に等しい時間の間に、この水平「等速度運動」によって移動する距離は $v_{ab} \times t_{ab}$ であって、それは a から b への落下距離 ab の 2 倍、つまり、bi である。

同じように、a から c にまで落下した物体がその c における速さ v_{ac} をもって、落下時間 t_{ac} に等しい時間のあいだ水平「等速度運動」すると、その移動する距離は $v_{ac} \times t_{ac}$ であって、cj(=2ac) である。

以上は、時間 t_{ab} を長さ ab（あるいは t_{ac} を長さ as）で表すという尺度基準の設定によっていない。「等加速度運動」の速さは時間に比例することにのみよっている。

2） 時間 as の間に距離 cj を通過し、時間 ab の間に距離 k を通過する
… 命題 ②

つぎに、cj 上に

$$\frac{ck}{cj} = \frac{t_{ab}}{t_{ac}} = \frac{ab}{as} \tag{5.15}$$

となる点 k をとる。時間 t_{ab} と t_{ac} の「比」（上式真中の比）を長さの「比」で示せば、右辺である。

物体は時間 t_{ac}（長さ as）の間に速さ v_{ac} の「等速度運動」でもって水平距離 cj を移動するのだから、同じ等しい速さ v_{ac} でもって時間 t_{ab}（長さ ab）の間に水平距離 ck を通過する（$v_{ac} \times t_{ab} =$ ck）ことになる。

すなわち、上式の分母分子に同じ量 v_{ac} を掛け、移動距離に読み換えただけある。「時間」の比が「距離」の比に変わった。

3） 時間 ab の間に水平距離 bi と ck を通過する … 命題 ③

命題②で定めた ck と命題①の bi の「比」をとる。これらの距離は次式に示す速さと時間の積であって、t_{ab} が共通する。同じ時間内 t_{ab} に物体は速さ v_{ab} でもって距離 bi を移動し、速さ v_{ac} でもって距離 ck を移動する。

分母分子で t_{ab} が打消し合い、求める形の速さの「比」がつくれた。

$$\frac{ck}{bi} = \frac{v_{ac} \times t_{ab}}{v_{ab} \times t_{ab}} = \frac{v_{ac}}{v_{ab}} \tag{5.16}$$

ここまで準備すれば、あとは式 (5.16) から以下のように求めるだけである。

$$\frac{v_{ac}}{v_{ab}} = \frac{ck}{bi} \rightarrow (分母分子に cj を掛けて) \rightarrow = \frac{cj}{bi} \times \frac{ck}{cj}$$
$$\rightarrow (式 (5.13), (5.14), (5.15) を代入して) \rightarrow = \frac{2ac}{2ab} \times \frac{ab}{as}$$
$$= \frac{ac}{as} = \frac{as}{ab} \tag{5.17}$$

を得る。最終行の右辺の「比」は、$as^2 = ab \times ac$ であることから分母を ab に書き換えただけである。

よって、v_{ab} を速さの基準として長さ ab で表すと、速さ v_{ac} は長さ as で表すことができるわけだ。

5-4 放物線運動のガリレオ流扱い方

さあ、準備作業はこれぐらいで大丈夫だろう。
つぎに放物線運動のガリレオ流扱い方の要点を説明する。

水平速度と頂高

投射体の運動を扱うため、まずはじめに投げ出されたときのその具体的な運動状態、いわゆる「初期状態」を知る必要がある。

それは 5-2 節でみたように、水平面を等速度で運動する物体の水平面が途切れる b 点からはじまる運動であるから、必要な情報は水平方向の速さのみである。

b 点での鉛直方向の速さはゼロであり、その後の速さは自由落下（等加速度）運動として一義的に決まる。

そこで、ガリレオは水平方向の速さを指定するために「斜面の降下」のときと同じような手法をとる。

b から鉛直に高さ ab（これを**頂高**とよぶ）をとり、a からの静止にはじまる落下運動が b で得る速さでもって水平方向の速さを指定するのである（図 5.12）。

ab の鉛直落下の速さは鉛直下向きであるのに、一転して速さの大きさは変わらず方向が変化するのか、と不自然に思われるかも知れない。ここでガリレオがやろうとしているのは、水平方向の速さを ab の鉛直落下によって定量化して指定することであって、解析のための便宜である。

しかし、実際的にも a から物体を落下させ、b で本当に水平速度へと反転し、そこから放物線運動が起こるとする方が考えやすいならば、b に反発係数 1 の板が角度 45° で設定されているとしよう。そうすると、落下してきた物体は速さを失うことなく水

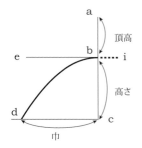

図 5.12 放物線の名称

平方向へと跳ねられ、望みの状況が得られる。

頂高の高さは何ら制約はないので、このようにしてどのような速さも選択でき、また後ほどやるように、頂高 ab を速さの尺度基準（単位）に採用することもできる。

これが、図形幾何で初速のある運動を扱うためにガリレオのほどこした工夫である。

鉛直速度と高さ

一方、物体の鉛直方向の運動は b からの静止ではじまる自由落下、すなわち、「等加速度運動」であるので、高さ bc が決まれば c での落下の速さ v_{bc} は一義的に決まる。

2 つの物体（1 つは水平運動し、もう 1 つは自由落下運動する物体）があると想像するのではない。これらの水平速度と鉛直速度は、b からはじまる放物線運動する 1 つの物体のそれぞれの速度成分なのである。

水平距離と巾

物体は鉛直方向に b から c へ落下する時間内に、水平方向には巾 cd に相当する距離だけ移動して、放物線軌道を描くわけで

$$\mathrm{cd} = v_{ab} \times t_{bc} \tag{5.18}$$

である。

上式は放物線を記述する 3 つの基本長さ、「巾」、「頂高」、そして「高さ」、の関係を示す。求められる放物線軌道を描くためには、この関係を満足するように巾、頂高、高さを決めればよい。その扱い方については、前節で細々と議論した。

繰り返すが、放物線運動を決めるのは、運動はじめの水平速度のみである。すなわ

ち、頂高 ab である。鉛直方向の運動は静止ではじまる「等加速度運動」であって、自然の法則で一義的に決まる。したがって、放物線軌道を描くには、与えられた頂高 ab のもとで、高さ bc を変数として巾 cd の大きさを求めればよく、それが式 (5.18) である。

ガリレオは以下において、3 つの基本長さのうちの 2 つを定め、残る 1 つの長さを求めたり、速さを求めたりと、放物線運動に関連する規則性を図形幾何アプローチで導き出す。

b からの再落下

ガリレオは速さを長さで表すとき、図 5.10 (同じものが図 5.13(a)) では a から b を経由し c に至る連続した落下運動を扱っていた。a から b への落下により得る速さ v_{ab} を尺度基準として長さ ab で表すとすれば、a から c への落下により得る速さ v_{ac} は ab と ac の比例中項 as=$\sqrt{ab \times ac}$ の長さで表せる。

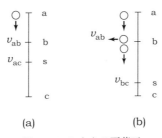

図 **5.13** b からの再落下

それに対して放物線運動を扱うときは、b での落下速度によって水平速度 v_{ab} を設定し、さらに b からの静止ではじまる c への落下によって鉛直速度 v_{bc} を考える。

図 5.13(b) がそれであり、実質的には 2 つの落下区画 (a→b と b→c) を別物として考えなければならない。

このとき、v_{ab} を速さの基準にとり、それを長さ ab で表すと、任意の位置 c での速さ v_{bc} は ab と bc の比例中項 bs=$\sqrt{ab \times bc}$ の長さとなる。

放物線軌道上での速度を求める

まず、小手調べとしてシンプルな問題からはじめよう。

問 22 ： 与えられた放物線上の任意の点での速さを求めよ (図 5.14)。

1) d での速さ

巾 cd、高さ bc の放物線 bd を考える。

cb を延長し、d での接線との交点を a とする。「初歩的な命題-2：直角3角形の斜辺は接線」(p.60) で知ったことから、このとき ab=bc が成り立っている。be は cd に平行な水平線である。

ここでは cd=ac の放物線を想定しよう。

このもとでは、be=ab=bc、また cd=2be である。

長さ ab でもって b での速さ v_{ab} を表すとすれば、b における静止から落下する物体の c での速さ v_{bc} も ab で表される。したがって、d での速さは、水平速度 v_{ab} (=ab=be) と鉛直速度 v_{bc} (=bc=ab) の合成であって、それは $\triangle$ aeb の斜辺の長さ ae である。

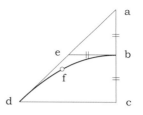

図 **5.14** 高さ＝頂高＝巾/2 の放物線

2) f での速さ

放物線上に任意の点 f をとり、水平線 fg を引く（図 5.15）。求める f での速さは、b からの鉛直落下における g での速さ v_{bg} と水平速度 v_{ab} の合成である。

前者は bg と bc(=ab) の比例中項 bi=$\sqrt{bg \times bc}$ の長さで表されるので、f の速さは水平速度 ab と鉛直速度 bi の合成であって、eb 上に bo=bi の点 o をとると、合成速度は斜辺の長さ ao である。

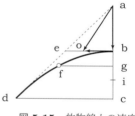

図 **5.15** 放物線上の速度

「比」は力学量を自由に変換する

ガリレオの図形幾何の手法は「比」の形で力学量をとり扱い、距離を、時間を、さらに速さを図形の辺の長さとして定量化する。

このとき、水平速度を定めるための鉛直落下距離＝頂高 ab をこれらの力学量の尺度基準（単位）とするのはひとつの方法である。そうすると、距離、時間、速さが長さ ab を共有してつながる。

ここで、頂高 ab を尺度基準にとるのは絶対に必要な要件ではなく、たとえば、高さ bc を尺度基準にとってもよい。

原理的には、「等加速度運動」をはじめる経路の1区画の長さを基準にとれば、他の区画を落下する時間ならびに速さは両者の比例中項の長さで表現できる。

要点は、解析にとって見通しがよくなる選び方である。

そして、距離、時間、速さの間の換算係数（たとえば、速さと時間の関係はいま流に書けば $v = gt$ であり、この g のことである）は、「比」をとることによって分母分子で打ち消し合うため、換算係数の数値だけでなく、その換算の次元までもが、「比」の形では消える。

よって、得られる関係式には次元がなく、ただ単に数量の関係を示すだけのものになる。われわれが力学を学ぶとき、方程式の左右両辺の次元の一致に充分な注意を払うのとは大きな違いである。

以下、『新科学対話』から少しはみでるが、「比」の形がもつこの特性を活かして放物線運動の解析を続けてみよう。

1) 合成速度 vs 落下時間

v_{ab} を速さの尺度基準として長さ ab で表すと、前小々節「f での速さ」における v_{bg} は $v_{bg} : v_{ab} = $ bi : ab であり、斜面 ao の長さで表された f での速さ v_f の平方は

$$\left(\frac{v_f}{v_{ab}}\right)^2 = \left(\frac{v_{ab}}{v_{ab}}\right)^2 + \left(\frac{v_{bg}}{v_{ab}}\right)^2 \Rightarrow \left(\frac{ao}{ab}\right)^2 = 1 + \left(\frac{bi}{ab}\right)^2 \tag{5.19}$$

と書ける。

bi は速さ v_{bg} を表すが、それは同時に t_{ab} を時間の尺度基準とし長さ ab で表すときの、時間 t_{bg} をも表す。

これに従い、上右式の右辺第 2 項を落下時間と捉えてみよう。

左辺は速さの比の平方、右辺は時間の比の平方であり、「比」の形での関係式だから速さであっても時間であっても何ら問題はない！　上式は落下時間 t_{bg} の推移につれての合成速度 v_f の変化を示すものとなる。それは、上式の平方根をとると、

$$\frac{v_f}{v_{ab}} = \sqrt{1 + \left(\frac{t_{bg}}{t_{ab}}\right)^2} \tag{5.20}$$

であり、図示したのが図 5.16(a) である。

放物線は d で終わるのではなく、物体がさらに鉛直に ab に相当する分だけ落下するとして計算した。落下の初めは当然、水平速度の ab からはじまる（図 (a) の b 点）。時間が充分経過する (bi>ab) と、右辺第 2 項は 1 よりも大きくなって、合成速度はほぼ時間に比例して増加するようになる。ao/ab ならびに bi/ab をそれぞれ y と x に置き換えてやれば、式 (5.19) は代数式 $y^2 = 1 + x^2$ であり、これは (b 点を頂点とする逆向きの) 双曲線であって、円錐曲線の 1 つである。

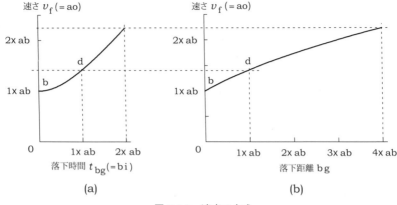

図 **5.16** 速度の合成

2) 合成速度 vs 落下距離

比例中項 bi=($\sqrt{bg \times bc}$ =)$\sqrt{bg \times ab}$ を代入すると式 (5.19) は

$$\left(\frac{ao}{ab}\right)^2 = 1 + \left(\frac{bg}{ab}\right) \tag{5.21}$$

となる。

ここで bg を鉛直の落下距離と解釈する。

そうすると、式 (5.21) は合成速度 v_f と鉛直落下距離 bg の関係を示すことになる。ここでも、「比」をとっているのだから、左右両辺の力学量の次元の違いを問題にする必要はない。

ao/ab ならびに bg/ab をそれぞれ y と x に置き換えてやれば、式 (5.21) は代数式 $y^2 = 1 + x$ で、$((x,y) = (-1,0)$ を頂点とし、b 点を通る) 横に寝た放物線である (図 5.16(b))。

ここでは落下距離を 4ab にまで延ばして計算した。同じ合成速度 v_f を示す落下時間 (図 5.16(a)) と落下距離 (図 5.16(b)) を比べるためであって、落下距離は落下時間の平方に比例するので、落下距離 4ab と落下時間 2ab が対応する。

3) ここで注意

落下距離は落下時間の「平方」に比例するといっても、$(2ab)^2 = 4(ab)^2$ が落下距離というのではない。

物差しの基準が ab だから、落下時間は 2(ab) であり、落下距離は 4(ab) であって、$2^2 = 4$ で「平方」なのである。

4) 読み替えと代入

現代の力学（「ニュートン力学」）では換算係数（ここでは、重力加速度 g）がはじめから登場し、「比」の形を構成する必要はないことは読者の知るところである。

距離、時間、速さがそれら自身の次元を明確にもち、重力加速度 g が次元を含めてそれらの間をとりもっている。

そのため、それらに共通する尺度基準 ab を設ける必要もないので、合成速度は式 (5.19) の左式でなく、$v_f^2 = v_{ab}^2 + v_{bg}^2 \ldots$ ① であり、鉛直速度 v_{bg} ならびには鉛直落下距離 bg はそれぞれ

$$v_{bg} = gt_{bg} \qquad \left(v_{ab} = gt_{ab} \right) \tag{5.22}$$

$$bg = \frac{1}{2}gt_{bg}^2 \qquad \left(ab = \frac{1}{2}gt_{ab}^2 \right) \tag{5.23}$$

と書ける。合成速度の平方①に式 (5.22) を代入し、$v_{ab}^2 = (gt_{ab})^2$ で規格化して（v_{ab}^2 で割って）、平方根をとったのが式 (5.20) である。

鉛直速度は時間を消去して落下距離で表すと、

$$v_{bg} = \sqrt{2g \times bg}, \qquad \left(v_{ab} = \sqrt{2g \times ab} \right) \tag{5.24}$$

であるので、合成速度の平方①に式 (5.24) を代入し、$v_{ab}^2 = 2g \times ab$ で規格化したのが式 (5.21) である。

このように力学量の関係を見たい変数で表示するに際し、現代の力学では**代入操作**がそれを行うのに対し、ガリレオの「比」の関係式では長さの意味の**読み替え**が同じ役割を果たしているといえるであろう。

以上は『新科学対話』には論じられていないが、著者が面白いと見るポイントである。

5-5 ガリレオ、放物線軌道を具体的に解析してみせる

ここまでで放物線運動を扱うガリレオの手法が理解できたことと思う。

本節でも、引き続き多くの命題を 問 として提示するので、まず自分で解いてみてほしい。

高さと頂高と巾

1) 巾の半分は高さと頂高の比例中項

問 23 : 1 つの放物線 bd が与えられたとき、高さ bc を上方に延長した軸上に点 a を定め、a から落下する物体がこの放物線 bd を描くように ab を求めよ。

放物線は水平「等速度運動」と鉛直「等加速度運動」の合成の結果であって、それを特徴づけるものは「頂高」、「高さ」と「巾」である。鉛直方向の運動は重力の強さが定まっているので、高さ bc が決まれば自由度はない。

一方、水平方向の速さは「頂高」ab を変化させることにより、自由に変えられる。

問 22 (p.73) では「高さ」=「頂高」=「巾」/2 （図 5.15）の条件のもとで放物線運動を扱ったが、図 5.17 のように放物線は一般に「巾」=2×「高さ」(cd=2bc) の条件を満たさない。

よって、ここでの課題は、高さ bc を落下する時間 t_{bc} 内に巾 cd の距離を通過する水平速度 v_{ab} を、頂高 ab を調節することにより求めること、すなわち、

$$t_{bc} \times v_{ab} = cd \tag{5.25}$$

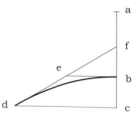

図 **5.17** 水平ならびに鉛直速度の指定

を満す頂高 ab の大きさを得ることである。

そこで、d で接線 df を引く。「放物線の初歩的な命題-2」(p.62) として知ったように、fb=bc であり、cd=2be となる (e は b から引いた水平線と接線の交点)。

また、前章でやったように、ab を落下するに要する時間 t_{ab} ならびに速さ v_{ab} を長さ ab で表し時間と速さの尺度基準とすると、b から静止ではじまり距離 bc を落下するに要する時間 t_{bc} は bc と ab の比例中項 bs の長さで表せる。

$$\frac{t_{bc}}{t_{ab}} = \frac{\sqrt{bc}}{\sqrt{ab}} = \frac{\sqrt{ab \times bc}\,(= bs)}{ab} \tag{5.26}$$

物体は時間 ab $(= t_{ab})$ の間に速さ ab $(= v_{ab})$ でもって、水平に距離 2ab $(= v_{ab} \times t_{ab})$ だけ移動するが、同じように時間 bs $(= t_{bc})$ の間に水平速度 ab $(= v_{ab})$ でもって水平に 2bs だけ移動する。それは式 (5.26) の分母分子に共通に v_{ab} を掛けるとわかる。

$$\frac{t_{bc} \times v_{ab}}{t_{ab} \times v_{ab}} = \frac{2bs}{2ab} \tag{5.27}$$

したがって、上式の分子が式 (5.25) の求める関係を満せばよく、それは 2bs = cd となるように、すなわち、頂高 ab の大きさを

$$2bs\left(=2\sqrt{ab \times bc}\right)=cd \quad \Rightarrow \quad ab = \left(\frac{cd}{2}\right)^2\left(\frac{1}{bc}\right) \tag{5.28}$$

と定めれば、求める放物線が得られるという算段である。このとき bs=be であり、放物線の「高さ」と「頂高」の比例中項が「巾」の半分に等しくあればよいことを意味する。

この議論は、b から静止ではじまる距離 bc を落下するに要する時間 t_{bc} ならびに速さ v_{bc} を長さ bc で表し時間と速さの尺度基準としても、同様の論理展開ができ、同じ結論を得る。

問 24： 放物線の高さ bc と頂高 ab が与えられたとき、その巾 cd を求めよ（図 5.18）。

回答は読者に任せる。
高さと頂高の比例中項 $\sqrt{ab \times bc}$ の 2 倍を巾 cd とすればよい。

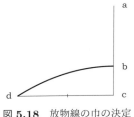

図 5.18 放物線の巾の決定

砲弾のルール

1) 速さ v_d の最小値を求める

問 25： 「等しい巾の放物線を考えるとき、巾が高さの 2 倍である放物線の速さは他の任意の放物線の速さよりも小さい」ことを示せ（図 5.19）。

ここでいう速さとは、端点 d での合成速度の大きさ v_d のことである。

● 巾 $=2 \times \sqrt{高さ \times 頂高}$

図 5.19 に巾 cd の等しい 3 つの放物線を描く。

(a) の放物線 gd は巾が高さ gc の 2 倍以上 (cd>2gc)、(b) の放物線 bd は巾が高さ bc の 2 倍 (cd=2gc)、(c) は巾が高さ gc の 2 倍以下 (cd<2gc) である。(b) と (a, c) では巾以外の記号は変えた。ad あるいは hd は d での接線を示し、be ならびに gk は cd の半分であり、ab=bc あるいは hg=gc の関係が成り立つのはこれまで通りである。また、cd/2=ab=bc=be=gk でもある。

問 22 (p.73) で (b) の放物線を扱った。

高さが低い放物線 (a) の場合は短時間に g から c に到達するので、(b) のときよりも大きな速さで水平距離 gk を移動する必要がある。すなわち、頂高 ℓg が ab よりも高

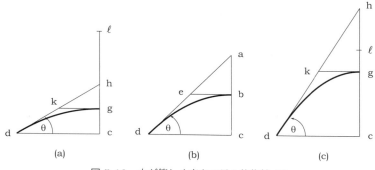

図 **5.19** 巾が等しく高さの異る放物線 (1)

くなければならない。一方、高さが大きい放物線 (c) の場合は状況は逆であり、頂高 ℓg は ab よりも低くなければならない。

そして、落下物体の軌道が放物線を描くためには、「巾」は「頂高」と「高さ」の比例中項の 2 倍に等しくなければならない (式 (5.28))。この条件は (b) ではすでに満たされて $cd = 2\sqrt{ab \times bc} = 2bc$ であり、(a) ならびに (c) では $cd = 2\sqrt{\ell g \times gc}$ であって、頂高 ℓg はつぎの関係を満たさねばならないことになる。

$$\ell g = \left(\frac{gk^2}{gc} = \right) \frac{bc^2}{gc} \tag{5.29}$$

- 共通する速さの基準

ここでの課題は、異なる放物線の間で速さ v_d を比較することだから、すべての放物線に共通する速さの基準を設ける必要がある。

最もよいのは図 (b) の「高さ」bc を基準とすることである。なぜなら、「すべての放物線に共通する巾」の半分が bc であるから。

そうすると、(a) ならびに (c) の水平速度 $v_{\ell g}$ と gc を落下したときの c での鉛直速度 v_{gc} は、それぞれつぎのように gm と gn である。

$$\frac{v_{\ell g}}{v_{bc}} = \frac{\sqrt{\ell g}}{\sqrt{bc}} = \frac{\sqrt{\ell g \times bc}}{bc} (= gm), \qquad \frac{v_{gc}}{v_{bc}} = \frac{\sqrt{gc}}{\sqrt{bc}} = \frac{\sqrt{gc \times bc}}{bc} (= gn) \tag{5.30}$$

この様子を図 5.20 に示す ((a) と (c) は同じような図のため、(a) を省略)。見やすいように速さには矢印を付けた。

- 速さの比較

求める合成速度 v_d は (a) ならびに (c) においては gm と gn の作る対角線 gj であり、(b) においては be と bc の作る対角線 bi である。したがって、gj と bi の大きさを比

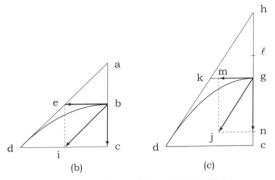

図 5.20　巾が等しく高さの異なる放物線 (2)

べればよく、それらの平方をとって調べよう。

後者は be=bc であるので、$bi^2 = be^2 + bc^2 = 2bc^2$ である。前者は

$$gm^2 + gn^2 = bc \times (\ell g + gc) = bc \times \left(\frac{bc^2}{gc} + gc\right) = \frac{bc}{gc} \times (bc^2 + gc^2)$$
$$\geq \frac{bc}{gc} \times (2 \times bc \times gc) = 2bc^2 \quad (5.31)$$

つまり、前者の速さの平方は後者の速さの平方より大きいことがわかる。第 1 行目の第 3 式には式 (5.29) の関係を使い、また、第 2 行目の不等号は $(A-B)^2=(A^2+B^2)-2AB\geq 0$、つまり、$A^2+B^2 \geq 2AB$（A=bc, B=gc）の恒常的な関係にもとづいている。

これで、巾が等しい放物線の端点 d での速さ v_d は、高さが巾の半分のときに最小であることが証明できた。

上の計算はわかりやすいようにと著者がまとめたものであるが、ガリレオは gm^2/gk^2 ならびに gk^2/gn^2 の比を計算し、途中で $gk^2 = gm \times gn \Rightarrow gk(=bc) = \sqrt{gm \times gn}$ の関係式を経由して、式 (5.31) と同じ論法で結論に至るのである。

2)　「読み替え」による最小の速さの導出

『新科学対話』では論じられていないが、p.77 で議論した「読み替え」を行い合成速度の最小値を考えてみよう。

v_{bc} と t_{bc} を長さ bc で表し、速さと時間の尺度基準としているのであるが、ここでは表示を見易くするために「比」の分母を省略して記す。

巾が等しいという条件は、$v_{\ell g} \times t_{gc} = cd$ がつねに成り立つということである。「等加速度運動」では速さは距離に比例するので $t_{gc} \to v_{gc}$ に「読み替え」ると、この条件は水平速度 $v_{\ell g}$ と落下速度 v_{bc} の積に変わる。つまり、

$$v_{\ell g} \times v_{gc} = gm \times gn = cd \tag{5.32}$$

である。一方で合成速度 v_d は

$$v_d^2 = v_{\ell g}^2 + v_{gc}^2 = gm^2 + gn^2 \tag{5.33}$$

であるので、上2式は水平ならびに垂直速度に関する連立方程式をつくる[6]。すなわち、式 (5.32) を満す範囲内で頂高 ℓg と高さ gc を変えて合成速度 v_d の最小値を探すことである。$x = v_{\ell g}$、$y = v_{gc}$ と記すと、式 (5.32) と式 (5.33) は

$$x \times y = C \ (= cd = 一定) \tag{5.35}$$
$$x^2 + y^2 = v_d^2 \tag{5.36}$$

と書ける。これは図形幾何的に言えば、x と y を辺とする長方形の面積 xy を一定 C に保ったままで、その長方形の対角線の長さの平方 $x^2 + y^2$ を最小にすることである。あるいは、図 5.21 に示すように、式 (5.35) は x と y の逆比例の関係を、式 (5.36) は半径 v_d の円を描くので、それらの交点の原点 O からの距離が最短であるものを求めればよい。

たとえば、$v_d^2 - 2C$ をとり、これを最小にすればよい。

$$v_d^2 - 2C = x^2 + y^2 - 2xy = (x - y)^2 \tag{5.37}$$

右辺はつねに正値またはゼロであるので、$x = y$ ($v_{\ell g} = v_{gc}$) のときが最小値(ゼロ)をもつ。それは $\ell g = gc$、つまり、(b) ab=bc に当たる。

逆比例式ならびに円は $x = y$ の対称軸(図 5.21)を持つので、放物線はつねにこの軸に対称な2つの解(図中のⓐとⓒ)をもち、最小の速さのときは重根 (b) となる。

3) 仰角 $45°$ のとき砲弾は最も遠くに飛ぶ

b あるいは g からの放物線運動の時間の流れを反転させれば、d から物体が速さ v_d で射出され最高点 b あるいは g に達する。この運動が続くと考えれば、物体は水平方向にさらに cd に相当する距離だけ飛んで地上に落下することになる。

ガリレオの当時は戦争で正確な大砲の打ち方が模索されていたので、これをたとえば砲弾の軌道と考えると、発射位置から標的までの距離 (2cd) を固定した場合は、仰角(地表に対する発射角)が異なれば射出の速さも上で求めたように変化させねば砲

---

[6] 「比」の形で表すと、式 (5.32) ならびに式 (5.33) は

$$\frac{v_{\ell g} \times v_{gc}}{v_{bc}^2} = \frac{cd}{bc} \ , \ ならびに \ \frac{v_d^2}{v_{bc}^2} = \frac{v_{\ell g}^2 + v_{gc}^2}{v_{bc}^2} = \frac{\ell g + gc}{bc} \tag{5.34}$$

である。

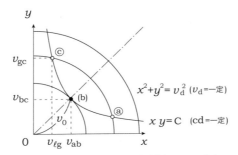

図 5.21　最小の速さは逆比例式と円の交点

弾は標的に当たらない。そして、(b) の場合、つまり、仰角 45° のときに最小の射出速度で標的に達するわけである。

一方、発射の速さを固定すれば、仰角 45° のときに砲弾は最も遠くまで届くのである。

4) 速さならびに巾の等しい弾道は 2 つ

問 26 : 「45° から等しい角 φ だけ大きいあるいは小さい仰角をもって、等しい速さで発射された投射体の描く放物線は、等しい巾をもつ」ことを導け。

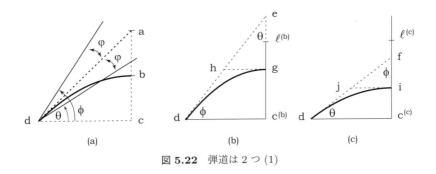

図 5.22　弾道は 2 つ (1)

放物線を描く落下運動を逆に考えて、d から出射された物体が放物線軌道を描いて最高点 b(仰角=45°) あるいは g($\phi = 45° + \varphi$) あるいは i($\theta = 45° - \varphi$) に到達する様子を考える（図 5.22）。

ガリレオは幾何図形を盛んに活用して証明するが、煩雑過ぎて読者が嫌になるかも知れないので、ここでは少し手を変えてやってみる。おそらく、この論理もガリレオの頭の中にもあったはずだから。

- 速さが等しい=(頂高+高さ) が等しい

まず、ガリレオに従って仰角 45°の直角 3 角形 adc (図 5.22(a) の破線) を描く。

幾度もやったことであるが、cd は放物線の巾であり、放物線 db (太い実線) が c の垂線と交わる点が b であり、ab=bc=cd/2 である。この仰角 ∠adc=45°から角 φ だけ大きいあるいは小さい仰角 (ϕ あるいは θ) をもつ直線を接線とする放物線 dg (図 5.22(b)) ならびに di(図 5.22(c)) を描く。

g ならびに i は放物線の最高点であり、gc および ic は高さであって、接線と c からの垂線の交点をそれぞれ e、f と、またそれぞれの頂高を $\ell^{(b)}$g あるいは $\ell^{(c)}$i と記す (上付き添え字 (b)、(c) は図 (b)、(c) を指す)。

このとき放物線の巾が等しいかどうかはわからないので、それぞれの巾を dc$^{(b)}$ と dc$^{(c)}$ と記す。

さて、速さの基準を放物線 (a) の鉛直落下速度 v_{bc} とし、長さ bc で表すと、図 5.22(b) の出射の速さ $v_d^{(b)}$ は問 25 の証明過程で得た関係式 (5.30) から

$$\frac{v_{\ell^{(b)}g}}{v_{bc}} = \frac{\sqrt{\ell^{(b)}g \times bc}}{bc}, \qquad \frac{v_{gc^{(b)}}}{v_{bc}} = \frac{\sqrt{gc^{(b)} \times bc}}{bc} \tag{5.38}$$

$$\frac{v_d^{(b)}}{v_{bc}} = \sqrt{\frac{v_{\ell^{(b)}g}^2 + v_{gc^{(b)}}^2}{v_{bc}^2}} = \sqrt{\frac{\ell^{(b)}g + gc^{(b)}}{bc}} \tag{5.39}$$

同様に、図 5.22(c) の出射の速さ $v_d^{(c)}$ は

$$\frac{v_d^{(c)}}{v_{bc}} = \sqrt{\frac{v_{\ell^{(c)}i}^2 + v_{ic^{(c)}}^2}{v_{bc}^2}} = \sqrt{\frac{\ell^{(c)}i + ic^{(c)}}{bc}} \tag{5.40}$$

となり、両出射の速さが等しいとは

$$\frac{v_d^{(b)}}{v_d^{(c)}} = \sqrt{\frac{\ell^{(b)}g + gc^{(b)}}{\ell^{(c)}i + ic^{(c)}}} = 1 \quad \Rightarrow \quad \ell^{(b)}g + gc^{(b)} = \ell^{(c)}i + ic^{(c)} \tag{5.41}$$

すなわち、両者の (頂高)+(高さ) が等しいのである。

ここで確認しておこう。

両出射の速さが等しいとは両者の (頂高)+(高さ) が等しいことであるが、それは両放物線の巾に関してなんら特別な条件を課していない、ということである。

つぎに、両者の仰角の関係を考える (図 5.23)。

$\phi+\theta$=90°であり、ϕ=∠edc$^{(b)}$ = ∠dfc$^{(c)}$=45°+φ であり、θ= ∠dec$^{(b)}$=∠fdc$^{(c)}$ =45°-φ であることはわかるだろう。

直角 3 角形 $\triangle$hgc$^{(b)}$ と $\triangle$hge (eg=gc$^{(b)}$) は合同のため、∠hc$^{(b)}$g=θ、よって、∠c$^{(b)}$hg

$=\phi$ である。

- 巾も等しい

さらに、直角 3 角形 $\triangle c^{(b)}gh$ と $\triangle hg\ell^{(b)}$ は、hg（巾/2）が $\ell^{(b)}g$（頂高）と $gc^{(b)}$（高さ）の比例中項であることから、相似であって $\angle h\ell^{(b)}g=\phi$ である。

まったく同様に図 (c) についても、$\angle jc^{(c)}i=\phi$ と $\angle j\ell^{(c)}i=\theta$ が得られる。

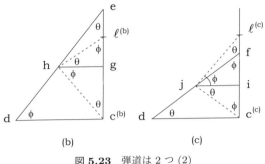

図 **5.23**　弾道は 2 つ (2)

故に、3 角形 $\triangle\ell^{(b)}hc^{(b)}$ と $\triangle\ell^{(c)}jc^{(c)}$ は斜辺の長さ（頂高+高さ）が等しく（式 (5.41)：出射の速さが等しいため）、かつ両サイドの角が等しいので合同であり、さらに $\angle c^{(b)}h\ell^{(b)}$ $=\angle c^{(c)}j\ell^{(c)}=90°$ の直角 3 角形であることがわかる。

つまり、gh=ij であって、(2gh=) $c^{(b)}d=c^{(c)}d$ (=2ij) で、両放物線の巾が等しいことが示せたわけだ。

比例中項 → 直角 3 角形 → 円に内接

図 5.22 と図 5.23 の (b)（ただし、ℓ と c の上付き (b) 記号は省略）を例にとり、繰り返しになるが、要点をまとめる。

いつものように、頂高 ℓg を $cd/2=gh=\sqrt{\ell g \times gc}$ を満たすようにとれば、放物線 gd が定まり、d での合成速度は $v_d/v_{bc}=\sqrt{(\ell g+gc)\times bc}/bc$ である。

放物線を指定するすべての要素、「巾」(cd)、「高さ」(gc)、「頂高」(ℓg) が比例中項に登場している！

勘のいい読者はすでに気づいているだろう。

$gh=\sqrt{\ell g \times gc}$ の関係から比例中項 → 直角 3 角形 → 円に内接という連想をすれば、3 角形 $\triangle\ell hc$ は ℓc を直径とする円に内接する直角 3 角形である（図 5.24）。

図 5.24 には d 点を記していないが、それは c を通る水平線上の dc=2hg を満たす点となるのはわかるであろう。また、前小節で知ったように、出射角 $\phi = \angle$hdc は $\angle$hℓg ならびに $\angle$ghc と等しく、$\angle\ell$hg $(=\theta)$ ではない。

d での出射角が異なっても、出射の速さが同じ放物線は、斜辺を直径=(頂高)+(高さ) として共有する円に内接する直角 3 角形群を構成するのである。

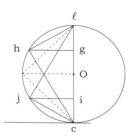

図 5.24 円に内接する 3 角形と弾道は 2 つ

出射角が 45° のとき、3 角形は 2 等辺 3 角形（図 5.24 の破線）となり、角が 45° から離れるにしたがって直角点（h あるいは j）は円周上を伝って ℓ あるいは c に近づく。

このとき、直角点から直径 ℓc に下ろした垂線の長さ hg あるいは ji が巾の半分であるので、その 4 倍が放物線軌道を描く砲弾の到達距離となる。

したがって、出射の速さが同じならば、到達距離が最も長くなるのは、垂線が最大値=円の半径をもつ 2 等辺 3 角形の場合であって、それは出射角が 45° に対応することがわかる。

さらに、垂線の長さ（到達距離）が等しい（hg=ji）直角 3 角形が、出射角 45° を軸にして対称に存在することもわかる。

それが、問 26 の出射の速さが等しいならば到達距離が等しい軌道が 2 つ存在するということである。

同じことは図 5.21 からも知ることができる。

出射の速さ v_d が等しいとは解が同一の円周上にあるわけで、2 つの解（図 5.21 の○）は対称軸（仰角 45°）を中心として対称な仰角をもつのである。

弾道は無数

問 27 : 「高さと頂高が逆比例するとき、（2 つの）放物線の巾は等しい」ことを示せ。

証明はいたって簡単だから、まず読者自身で試みてほしい。

ガリレオは速さ v_d をある値に定めたときに、という条件のもとで議論を進めているが、ここでは v_d に条件を課さずに論じる。速さ v_d を定めたときは、以下でみるように、原典に従って "2 つの" という文言の挿入が要る。

図 5.25 の高さと頂高が逆比例する放物線 (a) と (b) で説明しよう（図 (a)、(b)、(c) を区別するために記号に下付き数字 1、2、3 を付した）。

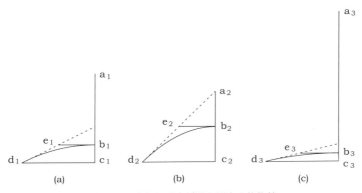

図 **5.25** 高さと頂高が逆比例する放物線

高さ bc と頂高 ab が逆比例する、つまり

$$\frac{b_2c_2}{b_1c_1} = \frac{a_1b_1}{a_2b_2} \quad (=k) \tag{5.42}$$

ならば、巾が等しいという。

それは、上式は 2 つの放物線の高さと頂高の比例中項が等しいこと、

$$\sqrt{a_1b_1 \times b_1c_1} = \sqrt{a_2b_2 \times b_2c_2} \quad \Rightarrow \quad b_1e_1 = b_2e_2 \tag{5.43}$$

を示しており、この比例中項は放物線の巾の半分であるので、両放物線の巾が等しいわけだ。

逆比例を感覚的に言えば、高さが k 倍大きくなれば、頂高は $1/k$ 倍になる。よって、高さと頂高の積は k の大きさにかかわらず、つねに一定の値をもち、故に、巾が等しいわけである。

図 5.25 は (a) に対して、(b) は $k = 2$、(c) は $k = 1/2$ の放物線を示した。

但し、巾 dc は等しいが、合成速度 v_d は等しくない。それは式 (5.38)-(5.41) でみたように、合成速度 v_d は（頂高）＋（高さ）の平方根であるので、それは高さを k 倍し、頂高を $1/k$ 倍したときの合成速度 v_d^k とは異なる。両者の比は

$$\frac{v_d^k}{v_d} = \sqrt{\frac{ab}{k} + k \times bc} \Big/ \sqrt{ab + bc} \neq 1 \tag{5.44}$$

となり、k によって速さは変化する。しかし、$k =$ ab/bc であるとき、すなわち、頂高と高さの大きさが入れ替わる 2 つの放物線の間では合成速度は等しく、これがガリレオがここで取り扱った命題である。

図 5.21 をみるとわかりやすい。

合成速度 v_d を指定しない限りは無数の円を取り得るわけで、巾を定めた逆比例式と円の交点は無数に存在する。しかし、v_d（円の半径）を指定すれば、交点は2つのみが存在し、それらでは頂高と高さの大きさが入れ替わることがわかるであろう。

速さの異なる言い回し

問 28 ：　「任意の放物線 bd を描く物体の端点 d での速さ v_d は、頂高 ab と高さ bc の和 ac に等しい鉛直距離を落下して得られる速さに等しい」　ことを示せ。

この定理は多くの箇所で幾度も登場している命題である。

ところが、同じ内容をごくわずか表現を違えるだけで、新鮮で、あっと気づかされるものになる。いまさら改めて証明する必要はないであろう。

ガリレオはこんどは ac を連続して落下し、c で得る速さを長さ ac で表し、速さの基準にする。

そうすると、ab を落下後の b での速さ v_ab は ab と ac の比例中項で表される。

$$\frac{v_\mathrm{ab}}{v_\mathrm{ac}} = \frac{\sqrt{\mathrm{ab} \times \mathrm{ac}}}{\mathrm{ac}} \tag{5.45}$$

ここでまた基本に戻ってくる。すなわち、速さは時間に比例し、時間は距離の平方根に比例したことを思い出そう。速さの比は時間の比であり、それは距離の平方根の比となり、その分母を平方して長さ ac にすると分子は求める比例中項となる。

また、b の静止からはじまり bc を落下した後の c での速さ v_bc は bc と ac の比例中項である。

$$\frac{v_\mathrm{bc}}{v_\mathrm{ac}} = \frac{\sqrt{\mathrm{bc} \times \mathrm{ac}}}{\mathrm{ac}} \tag{5.46}$$

よって、端点 d での速さ v_d は

$$\frac{v_\mathrm{d}}{v_\mathrm{ac}} = \frac{\sqrt{v_\mathrm{ab}{}^2 + v_\mathrm{bc}{}^2}}{v_\mathrm{ac}} = \frac{\sqrt{\mathrm{ab} \times \mathrm{ac} + \mathrm{bc} \times \mathrm{ac}}}{\mathrm{ac}} = \frac{\mathrm{ac}}{\mathrm{ac}} = 1$$
$$\Rightarrow \quad v_\mathrm{d} = \mathrm{ac} = v_\mathrm{ac} \tag{5.47}$$

となり、鉛直距離 ac を落下して得られる速さ v_ac に等しいことがわかる[7]。

ガリレオはこの命題の系として、

---

[7] ガリレオはつぎの命題を図形幾何的に証明することにより、式 (5.47) を導く。

「頂高と高さの和が等しいすべての放物線においては、その端点での速さ v_d は等しい」とまとめる。

連立方程式を図形で解く

問 29 : 放物線の巾 cd と端点 d での速さ v_d を知って、その高さ bc を求めよ。

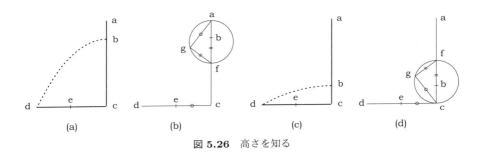

図 5.26 高さを知る

問 23 の式 (5.28) でわかったように、巾の半分 ce は頂高 ab と高さ bc の比例中項である。また、問 28 の式 (5.47) から端点 d での速さ v_d は頂高 ab と高さ bc の和に等しい鉛直距離を落下して得られる速さに等しいことがわかった。すなわち、

$$\left(\frac{cd}{2}\right) = ce = \sqrt{ab \times bc} \tag{5.48}$$

$$v_d = ab + bc \tag{5.49}$$

である（e は cd の中点）。この連立方程式を解いて bc を求めればよいが、ガリレオの時代ではこれをつぎのように図形幾何で解くのである！

命題：「1 つの直線 ac を任意の位置 b で分割する。全長 ac とそれぞれの部分 ab あるいは bc でつくる比例中項を辺とする正方形の面積の和 $S_a + S_c$ は、ac を辺とする正方形の面積 S に等しい」

ac を直径とする半円を描き、b から垂線を立て円との交点を d とする。$\triangle$acd と $\triangle$bcd は相似であり、ac:cd=cd:bc なので、cd は ac と bc の比例中項 $\sqrt{ac \times bc}$、同様にして $\triangle$acd と $\triangle$abd から ad は ac と ab の比例中項 $\sqrt{ac \times ab}$ である。$\triangle$acd が直角3角形のため、ピタゴラスの定理から $ac^2 = ad^2 + cd^2$ であり、ad, cd が比例中項であることを考えると、それは上の命題を述べたものである。

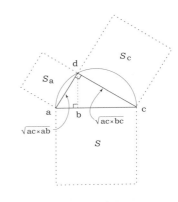

1) 速さの尺度基準のとり方？

「いや、待て」と、ここで首を傾げられた読者もいるかもしれない。

そう、なにかがおかしい。

式 (5.28) あるいは式 (5.48) は、時間 t_{ab} ならびに速さ v_{ab} を時間と速さの尺度基準とし長さ ab で表すという前提のもとで導いたものであった。一方、式 (5.47) あるいは式 (5.49) は、v_{ac} を速さの尺度基準とし長さ ac で表したものである（時間 t_{ac} も同様）。

つまり、両者では尺度の基準が異なるのである。

したがって、「尺度の基準が異なる関係を混同していて、正しくない」と考えたのだ。

そこまで気づけば、相当深くガリレオ流を理解したと言える。

この事柄については第 II 部 A-1 節の「尺度基準が変わったとき」(p.124) で充分に論じてあるので詳細はそちらに譲ることとし、結論だけを述べれば、関係式 (5.48) は尺度基準の長さを ab あるいは bc あるいは ac のいずれにとっても同じ長さとなる。長さは尺度基準（単位）が変っても、長さ自体は変化しないためである (p.124 の最後部の具体的記述を参照)。よって、式 (5.49) に合わせて、基準の長さを ac にとって先に進もう。

2) 連立方程式の語ること

まず、式 (5.49) により速さ v_d が与えられて ac の長さが定まる。

つぎに、ac を ab と bc に 2 分割し、式 (5.48) に従い、それらの辺でつくる矩形の面積 (ab×bc) が巾の半分 ce を辺とする正方形の面積 (ce^2) と等しくなるように b 点を決めればいい。

ここで、A=ab、B=bc とおくと、cd は A と B の相乗平均 $\sqrt{A \times B}$（比例中項でもある）の 2 倍であり、v_d は A と B の相加平均 (A+B)/2 の 2 倍である。相加平均は相乗平均よりつねに大きいか等しいので、

$$\frac{ac}{2} \geq ce \quad \rightarrow \quad ac \geq cd \tag{5.50}$$

の関係が成り立つ。

この事項を考えてガリレオは図 5.26(b) のように、ac の中点を f とし、af を直径とする円を描く。

弦はつねに直径よりも小さいので、弦 ag=ce なる点 g を円周上にとり、また fg=fb なる点として b（放物線の起点）を定める。このとき、ce が ab と bc の比例中項ということは使っていない点に注意しよう。なぜならば、これからそれを証明するのだから。

ガリレオは △agf は直角 3 角形なので、$af^2 = ag^2 + fg^2$ から $\sqrt{ab \times bc} = ag = ce$ であると導くが、その導出過程には少し説明が要るようだ。

それは、af = (ab+bf) であるので、

$$\begin{aligned}
\mathrm{af}^2 &= (\mathrm{ab}+\mathrm{bf})^2 = \mathrm{ab}^2 + 2\mathrm{ab}\times\mathrm{bf} + \mathrm{bf}^2 = \mathrm{ab}\{(\mathrm{ab}+\mathrm{bf})+\mathrm{bf}\} + \mathrm{bf}^2 \\
&= \mathrm{ab}(\mathrm{af}+\mathrm{bf}) + \mathrm{bf}^2 = \mathrm{ab}(\mathrm{fc}+\mathrm{bf}) + \mathrm{bf}^2 = \mathrm{ab}\times\mathrm{bc} + \mathrm{bf}^2 \\
&= \mathrm{ab}\times\mathrm{bc} + \mathrm{fg}^2
\end{aligned} \tag{5.51}$$

とする算術過程を経るのである。

これで ce が比例中項 $\sqrt{\mathrm{ab}\times\mathrm{bc}}$ となり、求める放物線の起点 b が定まった。

ガリレオの豊富な幾何学知識が図 5.26(b) のアプローチを導く。すなわち、上式からわかるように、ほしい比例中項（の 2 乗）の形をピタゴラスの定理で取り込むのである。

ガリレオならば、瞬時に図 5.26(b) の円と 3 角形に想い至るのであろう。

直角 3 角形の 1 辺 ag=ce ととれば、残りの辺 fg は $\mathrm{fg}^2 = \mathrm{af}^2 - \mathrm{ag}^2$ であり、この辺の長さを fg=fb とすれば上式が満足され、b が起点である求める放物線 bd が得られるというわけだ。

3) 解は 2 つ

ここで気をつけたいのは問 26 で知ったように、もう 1 つ解が存在することだ。

それは ab と bc を入れ替えた解であり、図 5.26(b) の円を f 点を基準に上下に折り返したものである（図 5.26(c) と (d)）。

因みに、連立方程式 (5.48), (5.49) を代数的に解くと

$$\begin{aligned}
(\text{高さ})\ \mathrm{bc} &= \frac{1}{2}\left(v_\mathrm{d} \pm \sqrt{v_\mathrm{d}{}^2 - \mathrm{cd}^2}\right) \\
(\text{頂高})\ \mathrm{ab} &= \frac{1}{2}\left(v_\mathrm{d} \mp \sqrt{v_\mathrm{d}{}^2 - \mathrm{cd}^2}\right)
\end{aligned} \tag{5.52}$$

となる。

確かに、2 つの解が存在する。

解が存在するためには根号内が正またはゼロでなければならないが、すでに相加平均と相乗平均を使って説明したように（v_d=ac $\geq$ cd）、巾 cd は端点の速さ v_d =ac よりも大きくあり得ないので、これはつねに満たされている。

実際に根号内を計算してみよう。$(\mathrm{ab}-\mathrm{bc})^2$ が得られるのが確認できるから。

5-6　ガリレオ、図形幾何から数値計算へと展開する

砲弾の到達距離を求める

　　問 30 ：　等しい速さで射出された放物線のすべての巾を計算し、図をつくれ。

　ガリレオはここで具体的な数値計算の問題を提示する。
　幾何学的アプローチによる数値計算である。
　提示された問題は、出射の速さを一定とする条件のもとで、仰角 θ の異なる投射体の描く放物線の巾を求めるのである。

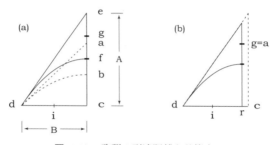

図 5.27　砲弾の到達距離を計算する

　ここでガリレオは 3 角関数の正接関数 (タンジェント、tan)

$$\tan\theta = \frac{A}{B} \tag{5.53}$$

において、B=10,000 と設定して、仰角 θ を A の大きさで表現する。ガリレオの手元には、仰角と A の数値表があるわけだ。
　ガリレオの計算手順は、

① まず、仰角 45° の放物線軌道を基準（B = 巾 cd = 10,000）（図 5.27(a) の破線 db）とする。
　この放物線の特徴は、「頂高」ab=「高さ」bc=「巾/2」cd/2= ci であり、放物線 db は出射点 d において接線 da に接する。
② つぎに、cd と等しい巾をもち、仰角の異なる放物線 df （図 5.27(a) の実線）を求める。
　そのためには、仰角 θ を指定し、対応する A=B× $\tan\theta$ を知ると、これが、d での接線と c から垂線を立てたときの交点 e の高さ ec である。

ec の中点 f（fc=A/2）がこの放物線の最高点であり、比例中項 cd/2=ci=$\sqrt{\text{gf} \times \text{fc}}$ を満たす gf が頂高である。

すなわち、

$$\text{gf} = \frac{\text{ci}^2}{\text{fc}} = \frac{(\text{cd}/2)^2}{A/2} \tag{5.54}$$

③ 端点 d での速さは v_d =(頂高)+(高さ) であるので、放物線 df では v_d =gc となり、放物線 db の v_d =ac と異なってしまったので、これを最後に補正してやる必要がある。

それは前者の図形を伸縮させて、(頂高)+(高さ) を等しく gc=ac にすればよいのである（図 5.27(b)）。距離、時間、速さがすべて長さで表示されているため、こういった操作ができるわけだ。

すなわち、距離、時間、速さをすべて ac/gc 倍すればよく、この係数を κ と書けば、

$$\kappa = \frac{\text{ac}}{\text{gc}} = \frac{\text{cd}}{\text{gf}+\text{fc}} \tag{5.55}$$

であり、求める巾 rd は cd を κ 倍して

$$\text{dr} = \text{cd} \times \kappa = \text{cd} \times \frac{\text{cd} \times (A/2)}{(\text{cd}/2)^2 + (A/2)^2} \tag{5.56}$$

となる。式 (5.55) の κ に式 (5.54) の gf および fc=A/2 を代入して、上式右辺を得る。cd=10,000 であり、A(= $B\tan\theta$) は数値表から求め、上式に代入する。

計算結果の巾 dr を図に示す（図 5.29 を除き、これ以降の図は著者による）。

砲弾の到達距離は巾の 2 倍であり、この場合の最高到達距離は 2cd=20,000 に相当する。標的までの距離ごとに、それに適した仰角に変えて射出することになる。

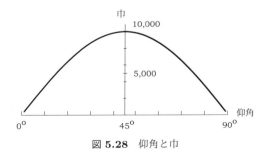

図 **5.28** 仰角と巾

砲弾の最も高い軌道を求める

問 31 : 前問の放物線の巾から高さを導け。

これはなかなか巧妙である。

読み進む前に、読者自身で回答を試みてほしい。

巾 dr は前問で求めたので、ここでは fr を求めよということだ (図 5.29)。

端点での速さは v_d =(頂高)+(高さ) であり、それが一定という条件で gr = ac (=10,000 と設定) である。

b は gr の中点であり、放物線 df の巾 dr の半分は $dr/2 = rj = \sqrt{gf \times fr}$、そして、問 29 の式 (5.51) から

$$gb^2 = gf \times fr + fb^2 \tag{5.57}$$

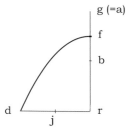

図 **5.29** 高さを計算する

で、これらから $fb^2 = gb^2 - rj^2$ であって、

$$fr = fb + br = \sqrt{gb^2 - rj^2} + \frac{gr}{2} = \frac{1}{2}\left(\sqrt{gr^2 - dr^2} + gr\right) \tag{5.58}$$

を得る。最右辺へは gb=gr/2, rj=dr/2 を用いた。

gr=10,000 であり、前問で求めた巾 dr を上式に代入すれば放物線の高さ fr が求まる (図 5.30)。到達距離を等しくする 2 つの解は、仰角 45° を中心に対称に、「高さ」を違えながら存在する。最高度 fr は低い仰角では低く、大きな仰角では高い軌道をとる。

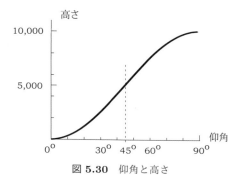

図 **5.30** 仰角と高さ

仰角 10°, 20°, 30°, 40°, 45°, 50°, 60°, 70°, 80° のときの投射体軌道を図 5.31 に載せた。

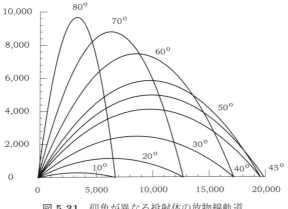

図 5.31 仰角が異なる投射体の放物線軌道

射程が決まっているときの出射速度

問 32 : 一定の巾を有する放物線について、仰角に対する高さおよび頂高を導け。

2 つの前問の解法を習得した読者にとっては、この問は容易に解けるだろう。よって、解法は省略する。

参考までに巾を $d_r=10{,}000$ としたときの仰角と高さ、ならびに頂高の相関図、さらに投射体の軌道を図示しておく。

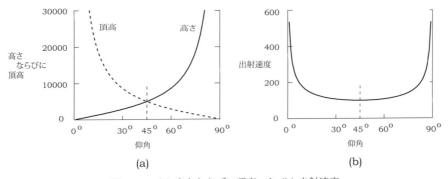

図 5.32　(a) 高さならびに頂高、と (b) 出射速度

高さ（実線）と頂高（破線）は図 5.32(a) に示すように仰角 45° に対して対称である。出射速度を図 5.32(b) に示したが、仰角が小さいときや大きいときには相当大きな

速さでないと砲弾は目標に到達しないことがわかるであろう。仰角 30°～60° あたりで標的を狙うのが、効率的に良さそうである。

図 5.33 には弾道の軌道を示した。ただし、横軸を 2 倍に拡大してあることに留意。

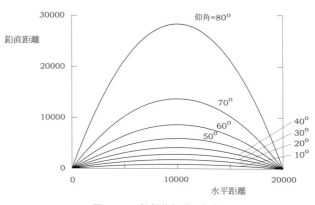

図 **5.33** 投射体軌道と仰角

放物線運動については資料文献『力学読本－自然は方程式で語る』で砲弾の軌道として扱ってある。奇しくも、ガリレオと同じような課題（城塞を砲撃するための初速度と出射角、砲弾の最小出射速度、2 つの出射角など）を議論している。ただし、図形幾何ではなく、ニュートン力学によってである。さらに、ガリレオにより言及された空気抵抗がはたらくもとでの落下運動や振り子の運動なども詳細に議論されているので、興味のある読者は一読するとよい。

第 II 部

ガリレオの凄さとその力学の面白さ

第6章

これが「斜面の実験」だ

「斜面の実験」では降下時間を定めて通過した距離を測定した、との記事をしばしば見受けるが、それは後世の人間の自然の捉え方を暗に反映したものであって、ガリレオが実施した実験は降下距離の方を定めて時間を測定したのである。

6-1　ガリレオ、距離を定めて時間を水量で測定する

「斜面の実験」

『新科学対話』に従って実験の様子を箇条書きにまとめる。

① 長さ6 m、巾25 cm、厚さ3指幅（ほぼ5 cm）の木製の鋳型または小角材のその縁に幅1指幅（ほぼ2 cm）あまりの溝を切った。この溝は極めてまっすぐに平滑に作り、磨がき、さらにその内側に可能なかぎり滑らかな研磨した羊皮紙を貼った。

② この板の一端を他端より0.5 mまたは1 m引き上げて傾斜させ、その上を硬く、平滑な、完全に丸い真鍮[1]の球を転がし、その全長を降下するに要する時間を⑦で述べるような仕方で測定した。

③ この実験を繰り返して、時間測定の精度を1脈拍の10分の1以下にして、その結果が十分信用できるものにした。

④ こんどは球を全長の1/4だけを転がして、その降下時間を測った。その結果は、全長の降下時間のちょうど半分であることを見出した。
つぎに全長の1/2あるいは2/3、3/4などの任意の異なった距離で行い、全長に対する時間と比較した。

---

[1] 岩波版の邦訳本では真鍮（銅と亜鉛の合金）、DOVER PUB. 版の英訳本では青銅（銅と錫の合金）とある。

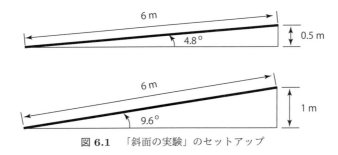

図 6.1 「斜面の実験」のセットアップ

⑤ このような実験をたっぷり 100 回は繰り返したが、つねに通過距離が時間の平方に比例すること、そしてそれは板のどのような傾斜角についても成り立つことを見出した。

⑥ また、傾斜角に対する降下時間の関係は、予測しかつ証明した比を示すことを観測した。

⑦ 時間を測るためには、大きな水槽を高い所に置き、その底に小さな径の管を溶接し、細い水流を流出させて降下時間ごとの水量を小さなコップに集め、極めて精密な天秤で水量を測った。

それらの重さの差および比から時間の差および比を得た。測定は幾度も幾度も繰り返されたが、その結果には目に見える程度の食い違いが生じないほど精確であった。

以上が、「斜面の実験」についての記述である。

少し注釈を

- ②から、実験は降下距離 l を定めて、それを降下するに要する時間 t を水量で測定したのだとわかる。
- 『新科学対話』ではキュービット (cubit) という長さの単位が用いられる。これはラテン語の「肘」を意味する cubitum に由来するもので、肘から中指の先までの長さをいう。時代や国によってその単位長さは変化するようだが、ほぼ 50 cm 程度であり、本書ではこの値を採用し、換算した。なお、この単位は現在使われていない。
- ①, ②から、斜面の全長はほぼ 6 m で、高さは 0.5 m または 1.0 m 程度で、傾斜角は 4.8° と 9.6° となり、$\sin\theta = 0.083$ と 0.16 である。

比較的小さな傾斜角を設けることにより、鉛直の落下時間に対して全長にわたる降下時間は $\theta = 4.8°$ では 12 倍、$\theta = 9.6°$ では 6 倍に長くなっている。

参考までに、降下ならび鉛直落下の時間 t についての（理想的な場合の）計算値を表 6.1 に載せる。

表 6.1 斜面の長さ ℓ (m) と 降下時間 t (s)

傾斜角 θ	斜面の長さ				鉛直落下距離	
	6 m	3 m	1 m	0.5 m	0.5 m	1.0 m
4.8°	3.8 s	2.7 s	1.6 s	1.1 s	0.32 s	—
9.6°	2.7 s	1.9 s	1.1 s	0.78 s	—	0.45 s

($t = \sqrt{2\ell/g'}$, $g' = g\sin\theta$ を用いた)

降下の速さは $v = g\sin\theta \times t = 9.8(\text{m/s}^2) \times \sin\theta \times t$ (s) として評価できる。因みに、斜面全長を降下後あるいは鉛直落下後の速さは $\theta = 4.8°$ では $v = 3.1$ (m/s)、$\theta = 9.6°$ では 4.4 (m/s) となる。高さが等しければ斜面の降下と鉛直落下は同じ速さをもつこと、「速さ一定の法則」を思い出そう。

- ③には、時間測定の精度は 1 脈拍の 1/10 以下とある。脈拍数は成人で大体 70/分 なので、1 脈拍はほぼ 0.9 秒程度となる。精度はその 1/10 以下だから 0.09 秒程度かそれ以下ということだが、厳密にとることもないので、ここでは 0.1 秒としよう
- ⑦からわかるように、降下時間は集められた水量の重さで測られ、時間差は重さの差として、時間比は重さの比として求めたため、水量の重さを時間に換算する必要もなかったのである。

考案力豊かなガリレオの時間測定のカラクリ（実験装置）についてくわしく述べられていないのが大変残念であるが、1 脈拍の 1/10 以下の精度は納得できる値と考える。

- ⑤からわかるのは、測定の再現性を確認するために 100 回繰り返していることである。

測定値が正規分布になるならば、100 回測定した平均値の精度は 1 回測定の精度の 100 の平方根だけ（$\sqrt{100} = 10$）よくなり、$0.1/\sqrt{100} = 0.01$ 秒となる。しかしながら、ガリレオ当時はこのような統計処理の知識はなかったはずだし、誤差の原因が正規分布に由来するものかどうかも不明であるので、測定精度は 1 脈拍の 1/10 と考えよう。

実験を繰り返すことにより、再現度がほぼ精度範囲にあることを確認したわけだ。

実験研究者としてすばらしい研究姿勢だと感嘆する。

- 測定の精度（同じことであるが、あるいは誤差）を σ で表し、その物理量を下付き添字記号で示すことにすると、時間は水の重さで測定するがその重さの精度は水量の多少に依存しないと考えると、時間の差 $d = (t_2 - t_1)$ の誤差は $\sigma_d = \sqrt{\sigma_{t_2}^2 + \sigma_{t_1}^2} \approx \sqrt{2}\sigma_t \approx 0.14$ 秒である。比 $R = (t_2/t_1)$ の誤差 σ_R は $\sigma_R/R = \sqrt{(\sigma_{t_1}/t_1)^2 + (\sigma_{t_2}/t_2)^2} \approx 0.1 \times \sqrt{(1/t_1)^2 + (1/t_2)^2}$ 秒として評価できる。

降下長さが 1.5-6 m の範囲内においては、時間測定の相対誤差 σ_t/t は 3-7%程度、比 R の相対誤差 σ_R/R は 4-8%程度のようだ。

6-2 科学史上の最もすばらしい実験のひとつ！

『新科学対話』には測定データやそれらの図表は見られない。歴史的な実験の様子が知られないのはまことに残念である。

科学読物に時折、つぎのような類の記事をみることがある。
科学史における高名な学者の「 … の法則」は実験から導き出されたといわれる。しかし現在に残る測定の精度とデータのバラツキを考えれば、実験から一義的にそのような結論に達したとするのはにわかに信じがたい。それは主には彼の理論的考察に根差した見当であろう、と。たしかに、科学的な解析手法が充分に確立していない時代の研究においては、実験による論証にはこのようなことも起っていたであろうと推測したくなる。

では、われわれのガリレオの場合はどうであったのか？
「斜面の実験」は、自然の落下運動は「等加速度運動」であることを示すに充分な実験であったのか、さらに見てみよう。

測定データを推測する

データの振る舞いを思い描くために、『新科学対話』の記載された数値をもとにして、いまのわれわれの流儀で「斜面の実験」の結果を推測して図 6.2 のように描き出してみよう。

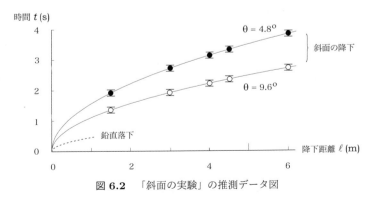

図 **6.2** 「斜面の実験」の推測データ図

横軸には降下距離 ℓ (m) を、縦軸には水量の重さでなく、測定対象である降下に要した時間 t (s) をとる。図中の実線は「斜面の降下」の、破線は鉛直落下の距離と時間の関係であり、ニュートン力学にもとづく降下運動の式 $\ell = 1/2 \times (g\sin\theta)t^2$ から $t = \sqrt{2\ell/g\sin\theta}$ を数値計算したものである。

『新科学対話』に従い、測定点の降下距離は斜面の全長の 1, 3/4, 2/3, 1/4 とし、さらに 1/2 を追加して、これらを降下する時間を● ($\theta = 4.8°$) と ○ ($\theta = 9.6°$) で示した。丸印の中心は上記の計算値で、実線上にある。丸印の上下の横棒で挟まれた時間は、時間測定の精度の大きさ（1 標準偏差（$1\sigma_t$）=±0.1 秒）を示す。

この図は測定時間（重さ）の差や比をとったりして解析したものでなく、生の測定データの様子を推量したものである。実際の測定値は誤差のために実線上から外れてばらつくが、確率的には約 68%のデータは図中の誤差の範囲内に分布する。

優れた実験アプローチ

1) 高い測定精度

図 6.2 から一目瞭然にわかることは、時間測定の精度は充分に高いため（相対誤差 σ_t/t は 3-7%）、時間と距離の関係に誤差により生ずる不定性は非常に小さいことである。

時間測定の精度が 0.1 秒というのはガリレオの工夫の成果と言える。

しかしながら、この精度であっても斜面の降下でなく鉛直落下であれば、たとえ、それが 6 m の落下であっても、0.1 秒の精度では落下時間が短かいために相対誤差は 10-22%に増加し、不定性は格段に増す[2]。

ここにガリレオが斜面を利用した理由があり、その発想の真価がある。

しかし、だからといって、傾斜角をもっと小さくとれば良いとも考えられない。球の速さが遅くなり、摩擦抵抗などによってスムーズな降下が実現しなかったであろうと思う。ガリレオの試行と検討の結果が、採用した傾斜角なのであろう。

精度に関しては時間だけでなく、また降下する距離の決定精度についても考えなければならないが、これは球の通過によって水流をオン・オフするカラクリの位置が決めたのであろうから、時間以上に精度はよく、そのデータへの不定性は無視できたはずだ。

---

[2] 鉛直落下であれば、斜面の存在にともなう不要な影響を除外できる利点はある。

2) シンプルな装置と高い信頼性

実験のねらいが科学的に意義が高く、その原理がシンプルで、さらに装置がシンプルであるほど、優れた実験となる。

「斜面の実験」は、まさにそれだ。

そして、信頼度が高くなければならない。測定精度の高さとは別に、再現性が高いということであり、また、測定に影響を及ぼすとみられるいろいろの効果を考慮し、対策をとることである。原理ならびに装置がシンプルであれば、このような要因は少なくなり、したがって再現性も高く、測定結果の信頼性も高くなる。

いろいろと思考錯誤するところがあったであろうが、「斜面の降下」は充分にシンプルさを満たす発想である。

3) 複雑な解析を要しない実験

図 6.2 は、実線を消して眺めるべきである。「距離は時間の平方に比例する」という不要な先入感をもたないためである。

実線を消去し、誤差によるデータのばらつきを考慮しても、降下距離は時間の平方に比例するという解釈（つまり、実線）が最もよくデータの振る舞いを説明することは明白である。

なぜなら、他の解釈はデータが容易に排除するからだ。

たとえば、図 6.2 のデータは直線で近似できそうである。ただし、そうした直線を引けば、縦軸との切片（直線との交点）を 1 秒あたりにもつことになる。それは静止から降下をはじめる球は手から離されても 1 秒程度は運動をはじめず不動のままに留まる、という不自然な状況を示唆する。

球は支持が離れると直ちに降下をはじめるので、運動は図の原点からはじまらねばならない。これは明らかである。同様に「等速度運動」は原点を通る直線であるが、それはとてもデータと相容れないことは容易に理解できる。また、距離が時間の平方根に比例する関係も簡単に排除できる。

こうして、さきのデータから正しい結論にたどり着く（距離は時間の平方に比例する）ことはさして難しくないとわかる。もっとも、さらにわかりやすい条件としては、たとえば、降下距離が 1 m 以下辺りのデータがあれば、時間と距離の関係を求めるのに強いはたらきをしそうではあるが、運動は原点にはじまるという条件がそれ以上の役割を果す。

否、ガリレオはもっと賢かった！

ガリレオは測定データを図 6.2 に示す以上にうまく検討したに違いない。

ガリレオの図形幾何のアプローチは「比」の形をとる。降下距離 ℓ ならびに時間 t についても、斜面の全長 L とその降下時間 T を分母にして「比」をとり評価したはずである。横軸を ℓ/L、縦軸を t/T と規格化しても、図 6.2 のデータ分布のようすは本来的には変わらない。

　規格化したことにより、板の傾斜角にかかわらず、距離が全長にあたる測定点は (1, 1) の座標点を占め、運動のはじめは図 6.2 と同様原点 (0, 0) に当たる。そして、傾斜角に依存する距離と時間の比例係数は分母と分子で打ち消し合うため、距離と時間の関係は下式のように

$$\frac{\ell}{L} = \left(\frac{t}{T}\right)^n \tag{6.1}$$

傾斜角によらず、同一の曲線を描くことになる。左辺が横軸の「比」であり、右辺が縦軸の「比」である。

　降下距離が時間に正比例 (n=1)、または平方根 (n=1/2) あるいは平方 (n=2) に比例する関係は、n の次数として曲線の形状として現れる。

　「比」の形を構成することにより、前 2 つの小節で議論した以上に測定データの理解はシンプルになる。そのため、まさにガリレオが ⑤ (p.99) で指摘したように、傾斜角にかかわらず距離が時間の平方に比例する法則の一般性を見出すことができたのであろう。

　この「比」をとることの負の側面は誤差が大きくなることであるが、実質的にはたいしたことはない。具体的にはすでに記したように、$R = t_2/t_{全長}$ の相対誤差は $\sigma R/R = 4 - 8\%$ 程度である (p.101)。

　項目⑥にはいろいろな傾斜角に対する降下時間を測定したこと、これらの降下時間の比はあらかじめ論理的に導きだし予測値と一致したことを述べている。

　これは 4-1 節で論じた＜斜面の力の規則＞にもとづく命題を実証したものであり、＜斜面の力の規則＞の正しさを確かなものにしている。

　古代ギリシア文明からガリレオの時代までほぼ 2,000 年、誰もが目にする現象でありながら、誰一人気づかず、試みなかった「斜面の降下」の実験を、ガリレオは自然の落下運動の「How」を探求するのに活用したのであり、科学史上はじめて降下運動を実証的かつ数量的に解き明かしたのである。

　それが「等加速度運動」であることは、実験前から推測できていたであろう。実験はガリレオのその自然観を確認する作業であった。

6-3　運動は時間の流れの中で

「斜面の実験」に関連する面白い『新科学対話』の記事を紹介する。

速さは落下距離に比例して速くなるのではない！

　ガリレオの「等加速度運動」について、よき質問者であるサグレドが意見をいう。
　「等加速度運動」の定義はつぎのように言い換えれば、「基本的な考えを変えずに、もっと明確」にできると。すなわち、「等加速度運動」とはその速さが通過する距離に比例して増加してゆく運動である、と。シンプリチオも同意する。
　これに対して、サルヴィアチは自分も当初はそう考えたし、さらに、ガリレオもいちじは速さは距離に比例して増加すると誤解していたという。『新科学対話』のなかでは、ガリレオ自身も「著者」として言及されている。
　物体の落下をみると確かに、落下距離が大きくなるほど落下速度も大きくなるので、このように考えるのも一見、自然である。
　しかし、落下運動を科学的に把握するとき、それに対して「等しく加速」すると考えられる視点は距離でなく、時間なのである。
　その考えは「斜面の実験」から得られるものであるが、同時に、その矛盾性はつぎのように簡単に指摘できるとガリレオは説く。
　速さが落下距離に比例するならば、距離が ℓ であるときの速さが v であれば、距離が2倍の 2ℓ になれば速さは $2v$ になり、距離が3倍の 3ℓ になれば速さは $3v$ になる。
　しかし、この場合、距離 ℓ を通過するのも、2ℓ を通過するのも、さらに、どのような距離を通過するのも同じ所要時間でなされることになり、よって、すべての運動は瞬間的な出来事になるとガリレオは指摘する。
　この説明がわかりにくければ、つぎのように考えるとよい。
　距離 ℓ と 2ℓ を通過する時間を考える（図6.3(a) と (b)）。
　(a) において ℓ の距離を $\Delta\ell$ ごとに分割し、各細部を通過するそれぞれの時間を足し合わせれ

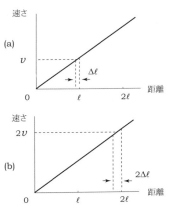

図 **6.3**　速さが距離に比例するときの通過時間

ば全通過時間が得られる。通過距離 2ℓ の (b) の場合には分割巾を 2 倍にする。そうすると、両者の分割数は等しく、両者の各細部には順番に 1 : 1 の対応関係を付けることができる。

(b) の細部の距離は 2 倍になるが速さも 2 倍になっているため、各細部の通過時間は (a) と等しくなり、よって、全通過時間も (a) と (b) では等しいのである。

一方、(b) において 2ℓ を通過するには、まずはじめの距離 ℓ を通過しなければならないが、これは (a) に当る。その後、$\ell \sim 2\ell$ を通過するわけだが、ゼロでない距離を通過するのには有限の時間がかかることをわれわれは知っている。つまり、(b) を通過する時間は、(a) を通過する時間よりも長くなるはずだ。

この 2 つの事柄を満足するには、通過時間はゼロ、すなわち、運動は瞬間的でなければならない。しかし、現実にそのようなことが起こり得ないのは誰もが知っている。これは、もとの速さが距離に比例するという、出発点となる命題自体が正しくないことを示しているのである。

いまのわれわれは速さも落下距離も時間の関数として扱い、それを当たり前のことと考え、疑問を抱かない。すべての出来事が空間という入れ物の中で、時間の流れの中で起るという観点のもとで事物を捉えている。

科学的に明確にこれを捉えたおそらくはじめての人物がガリレオであろう。「1 にはじまる奇数列」の発見の陰に隠れているが、ガリレオの偉大な業績の一つである。

「1 ではじまる奇数列」は測定でなく、計算から

中世の雰囲気を漂わせる「1 ではじまる奇数列」について。

第 1 章の『『ピサの斜塔の実験』から『斜面の実験』へ」(p.3) で登場した 1, 3, 5, 7, 9, ⋯ である。

「斜面の実験」は時間を定めて降下距離を測定したもの、とする文献を読んだことがある。この通説に反駁しておきたい。その測定では等時間間隔 Δt ごとの降下距離 $\Delta \ell$ の変化（図 6.4）、すなわち、実効的には速さの時間変化を知ることができ、データはそれが 1, 3, 5, 7, 9, ⋯ の奇数列を構成することを示した。よって、速さの増加が一様であること、つまり、降下運動は「等加速度運動」であることを見出した、という説明である。

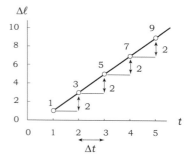

図 6.4　Δt 時間ごとの降下距離 $\Delta \ell$

速さならびに距離は時間の関数 $(v(t), \ell(t))$ であるとする現代のわれわれの視点からは、大変論理的で理解しやすい解説であるが、既述したように本当の「斜面の実験」は逆であって、距離 ℓ を定め時間 t の方を測定したのである。

　「1 ではじまる奇数列」の表現は、p.4 の脚注に記したように、$\ell \propto t^2$ から「簡単な計算」によって得られたものと『新科学対話』は述べている。実験によって得られた計測結果そのものではなく、「距離が時間の平方に比例する」ことのガリレオ流表現、あるいは当時の定型的表現である。

第7章

ガリレオを阻むもの

　ガリレオの力学から「ニュートン力学」へと飛躍するための基本テーマのいくつかは、すでにガリレオの面前に横たわっていたはずである。たとえば、質量 m を着想することや重力加速度 g の発見に至ることなどである。にもかかわらず、どうしてガリレオはそれらをつかみ取ることができなかったのか？
　この章はこの間の事情を著者なりに想像して楽しんでみよう。

7-1　ガリレオを「質量 m の着想」から阻むもの

　ガリレオの議論には「重さ」が登場するが、「質量」の類(たぐい)の用語はなく、『新科学対話』ではそれについて論じている様子も見当たらない。ニュートンは、質量とは「物質の量」であるとしているが、ガリレオがニュートン以前に「質量」を導入する可能性はなかったのであろうか？まず、これを考えてみよう。

> 重さと質量
> 高校物理で学ぶことだが、「重さ」と「質量」の違いを記しておく。
> 「重さ M」は $M = mg$ であって、「質量 m」の物体が重力の作用のもとで受ける「力」である。そして、kg 重の単位をもつ（この単位をニュートン（N）という）。たとえば、「質量」60 kg の物体の「重さ」は 60 kg 重で、重力加速度 $g=9.8$ m/s^2 を用いると $(60 \text{ kg}) \times (9.8 \text{ m/s}^2) = 588$ kg·m/s^2 $= 588$ N である。

　ガリレオの時代には「質量」の概念はいまだ導入されていないが、『新科学対話』で使われる用語「重さ」はまさに上に記した kg 重の「力」の意味をもっている。ガリレオは、物体にはたらく「力」とはその「重さ」であり、それは重力であると正しくつかんだ。

落下における「重さ」と「力」と「等加速度」

　アリストテレスが物体の落下速度は「重さ」に比例すると考えたのに対して、ガリレオはそれを批判する。

　2つの石（一方は他方より10倍重い）が同時に落下すれば、重い方の石が地上に達したときには軽い方はまだ高さの1割しか落下していないことになるが、アリストテレスはそれが事実かどうかを実験で確かめたとは思えないと述べる。

　また、重い石が8の速さで、軽い石が4の速さで落下するものとすれば、その2つがたとえば、ひもで結び合わさったものは8より小さい速さで落下するであろう。しかし、結び合わさったものの重さは大きい石の重さよりも重いのだから、8よりも大きな速さで落下しなければならない。そうであるにかかわらず、2つを結び合わせた物体がそれよりも軽い物体（重い石）よりも速さが小さくなるというのは、速さは重さに比例するという考えとまったく相反する結果になると指摘する。

　これに対して、「ピサの斜塔の実験」の逸話は、同時に手を離れた物体は「重さ」によらずに同時に地上に達することを語る。『新科学対話』より具体的に、その落下運動は「等加速度」運動であることを説く。このとき、ガリレオは物体にはたらく「力」とはその「重さ」[1]、それはすべての重さのある物体が引かれる共通の中心に向かうと、すなわち、いまでいう重力であると指摘する[2]。

　これらをまとめると

　　　落下の「等加速度」運動は物体の「重さ」に依存しないが、その運動を
　　　引き起す「力」は物体の「重さ」である、

となる。この矛盾するように見える文脈中に、ガリレオが「質量 m」という概念に気づき、「重さ M」をいまのわれわれが知る $M = mg$ とする発想に至る、あるいはその端緒をつかむ可能性はなかったのか？　ということを推測してみよう。

重力質量と慣性質量

1) 「重さ」と「ピサの斜塔の実験」

　「ピサの斜塔の実験」を理解するために、ガリレオは常套的な思考法をとったのではなかろうか。ある僅かの量の物体（これを要素とよぶことにする）を重さの尺度基準とし、任意の物体の重さを要素の重さとの「比」で表すのである。しかし、重さが

---

[1] 小節「＜斜面の力の規則＞を導く」の論理①, p.27 を参照
[2] 小節「運動の勢いと傾斜角」、p.26 を参照

運動によって変化するわけでないので、速さや距離を扱ったように、1つの物体について他の落下時間での重さと「比」を構成しても意味をなさない。

重い物体は要素数が多く、軽い物体は要素数が少ないわけだが、すべての要素は同じ重さをもつので共通する同じ大きさの力で地表に向って引かれ、同じ様式で落下する。したがって、複数の要素で構成されたあらゆる物体は要素数にかかわらずに同時に地表に達することになる。これが「ピサの斜塔の実験」の示すところである。

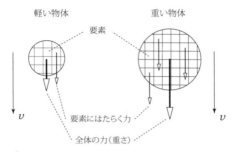

図 7.1　落下物体と要素

2) 「重さ」と g

小節「『力はそれらの距離と同じ比を成すから』とは？」(p.37) では、力と運動の比例関係を論じた。運動の指標である加速度、速さ、距離の大きさは、はたらく力の大きさに比例する。斜面の傾斜角が変わり物体にはたらく力が大きくなれば、それに比例して加速度、速さ、距離が大きくなる。

では、本来的に「力」に比例するのは、加速度か、速さか、距離のいずれであろう？「力」が「重さ」であることを考えると、「重さ」が時間とともに変化する速さや距離に比例するはずがない。運動の如何にかかわらず「重さ」は一定値をもつので、それは「等加速度」である。

この「等加速度」を g と記すと、より重い物体の「等加速度」は g と異なる G と書きたいところであるが、「ピサの斜塔の実験」から要素数が異なっても同じ落下をするのであるから、「重さ」の軽重にかかわらず g でなければならない。このことは g は「重さ」に比例するのでなく、「重さ」に対する比例係数であることを意味する。

では、g が「重さ」に結びつける因子（変数）とは何かと考えると、それは要素数の数だけある要素であって、「重さ」から g を抜いた「重さのエッセンス」である。これがニュートンのいう「物質の量」であり、「質量 m」であって、

$$(F=)\ M = gm \tag{7.1}$$

3)「力」と g

同じ物体であっても、斜面の傾斜角が変わり物体にはたらく「力」が大きくなれば、それに比例して加速度が大きくなる。そこで、「斜面の降下」を斜面に沿っての1次元の落下運動と見、加速度が変化する場合の「力」と「等加速度」の関係を考える。

「重さ」が「力」であることを考えると、このとき質量は変化せず、斜面に沿っての加速度が変化する。「力」は加速度に比例し、質量は比例係数であり、

$$(M =)\ F = mg \tag{7.2}$$

である。

地表へ向って引く力（重力）は、物体が何らかのもので保持されていると「重さ」として理解され、その支えが失くなると物体を落下させる「力」として把握される。

「等加速度運動」に限って多少強引に、後世の人間の後知恵で好き勝手に論じたが、上に述べた論理は複雑でもなく、充分に自然であると考えるが如何であろう。

ガリレオなら到達できた可能性のある思考ではないか、あるいは類する考えはすでにあったかも、と想い描く。

式 (7.1) の m がわれわれが学ぶ「重力質量」であり、式 (7.2) の m が「慣性質量」である（慣性については 7-3 節で議論する）。

7-2　ガリレオを「重力加速度 g の発見」から阻むもの

落下運動の普遍性

重さの違いにかかわらず、すべての物体は同じ速さで自由落下運動（等加速度運動）をする（「ピサの斜塔の実験」）。

この「等加速度運動」である鉛直落下ならびに斜面の降下を扱うガリレオの命題には、「一つの物体が」あるいは「同じ物体が」としばしばことわりが入っている。たとえば、「1つの物体が高さが等しく傾斜角の異なる平面を降下するとき、底面に達したときの速さ v は相等しい」（＜速さ一定の法則＞、p.32）というように。

「ピサの斜塔の実験」では重さの異なる物体が同時に落下し、「斜面の実験」では一つの物体が傾斜角の如何にかかわらず、高さが同じであれば同一の水平面では等しい速さをもつ。ならば、論理的に考えると、鉛直落下を含むあらゆる降下運動では、物

体の重さならびに傾斜角にかかわらず、同じ高さではすべての物体は同じ速さもつ。

ニュートン方程式に頼らなくとも、これはガリレオの命題の論理的な帰結である。

これぐらいは考え深いガリレオなら気づくはずのものと推測するのだが、これに類する事柄は『新科学対話』には見当らない。

どうしてであろうか？

ガリレオが発見したこの「等加速度運動」の加速度は、「ニュートン力学」において g で表記される「重力加速度」（斜面の降下では $g\sin\theta$）である。

しかし、ガリレオは「斜面の実験」において加速度の数値的な評価をしていないし、なおさら、降下する物体の重さや傾斜角にかかわらず、それが共通する値を示すことにも気づいていないようだ（時間を水量の重さで計測してもである）。

どうしてであろうか？

図形幾何の限界！

その答えは、ガリレオ流の「比」をとる限りにおいては、必ずしも重力加速度 g を知る必要はないからだと考えられる。

速さが時間に比例し、距離が時間の平方に比例するとは、速さと時間、距離と時間はそれぞれ比例定数で結ばれていることを意味する（ニュートン力学で表記する $v = gt$ と $\ell = (g/2)t^2$ である）。そのため、「比」を構成する分母分子の間でこの比例定数（加速度）は打ち消され、必要でもなく、登場しない。それゆえであろうか、ガリレオは重力加速度 g という地上での落下運動についての物理定数[3]の発見を見逃すに至っている。

この点を考慮すると、「比」をとる図形幾何のアプローチはシンプルでよいが、その代償として取り逃がしたものは大きいと言える。

「斜面の実験」において、距離と時間の平方の比（これが比例定数）の算出を試みていれば、一連のデータについてそれらがほとんど同じ値をもつ共通性に気づき、g の発見に至ったのではないかと想像したくなる。

関連する力学現象のなかで頻繁に登場し、不変な数値として現われる「定数」は一階層深いところから「How」の解明に導いてくれるはずのものだ。

残念ながら、それを掴み出すには自然科学はまだ充分に熟していなかった、と考えるべきなのだろう。

---

[3] 重力の定数は重力定数 G であるが、ガリレオの時代ではまだそこまで話は展開していない。

しかしながら、それに代わりに、ガリレオは「通過距離は時間の平方に比例」する運動則を発見した。

物理定数のような内奥に潜む静的な本性の把握には、力学研究のある程度の基礎的な進化が必要だが、それよりも、運動の仕方（様式）を定める動的な運動則の発見の方が先にくるのであろう。

ニュートンの登場を必要とする g

重力は地上の物体を地球の中心に向って引き付ける力であると当時の研究者たちは理解していたようだ (p.65) が、その力の成因（「How」）は不明であって、ガリレオはのちの時代の研究者たちにその解明を委ねた。

以降の力学、天文学、数学などの進歩とニュートンの登場が、ガリレオの期待に応え、「How」を解き明かす。ニュートンによる万有引力 F の発見である。万有引力はすべての物体の間にはたらく力であって、質量（物質の量）m と m' の2つの物体が距離 R だけ離れてあるとき、その間にはたらく引力の大きさは

$$F = G\frac{mm'}{R^2} \qquad (G \text{ は重力定数}) \tag{7.3}$$

であると見い出された。力を受ける物体 m からみると、力 F は m と Gm'/R^2 の2つの因子に分離できる。前者は力を受ける物体の静的な物質固有の値であり、後者は前者以外の力学量からなり、その次元は動的な加速度（単位は m/s²）を示す。

このことから、地上の物体（質量 m）の重さとは、地球 m' が m におよぼす万有引力の大きさであって、それは経験どおり物体の質量 m に比例する。後者の因子を g と記せば、

$$F = mg, \qquad g = G\frac{m'}{R^2} \tag{7.4}$$

と書ける。地上近傍では m にはたらく力 F は一定であり、g も一定値をもち、それは定数となる。この g が『新科学対話』においてガリレオが議論した「等加速度運動」の加速度なのである (ただし、(7.4) 式をガリレオが見出したわけではない)。

斜面を転がる、あるいは滑る？

いま、加速度 g を論じたついでに、「斜面の実験」における g への力学効果について記しておく。

「斜面の実験」では斜面に溝を設け、その内面に滑らかな研磨した羊皮紙を貼り、そ

の上を硬く、平滑な、完全に丸い真鍮の球を転がした（前章「斜面の実験」の①, ②）。

しかし、抵抗を無くするために「平滑なつるつるした面」を作って、「転がす」では矛盾が生じる[4]。「転がす」ではなく「滑らす」べきなのである。「転がす」と「滑らす」はべつの運動である。

「滑る」というのは、球の中心も球を構成するあらゆる部分も、斜面に沿って降下（平行移動）する。一方、「転がる」というのは、球の中心は斜面に沿って降下するが、中心から離れた部分は中心の周りを回転しながら降下してゆく。「転がる」運動は平行移動（滑る）と回転の2つの運動の合成であって、回転のために余分の力が費やされ、滑るための力が減少する。転がるのは球と斜面の接点に、降下方向とは逆向きの抵抗力がはたらくからである。

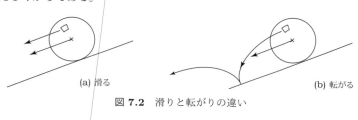

図 **7.2** 滑りと転がりの違い

このため、「転がる」のは「滑る」のと比べて降下の加速度が小さくなる。球の場合では、滑るときの加速度の 5/7 に減少する（$g\sin\theta \to (5/7) \times g\sin\theta$）。これは大きさのある物体の回転運動にともなう重要な力学効果であって、回転のしにくさを物体の「慣性モーメント」という[5]。

実験ではおそらく、若干転がりながら滑ったのだろう。

幸運なことに、「斜面の実験」では転がろうと滑ろうと、たとえガリレオがこの力学効果の影響を知らなくとも、結果としてはどちらでも良かったのである。なぜなら、この効果は加速度を一定の割合で減少させるだけで、「等加速度運動」を害するものでないからである。さらに、ガリレオは加速度の数値評価を行なわなかったからでもある。

もし、加速度の数値評価をしていれば、その結果はガリレオにさらなる新しい発見、あるいは知見をもたらしたかもしれないが。

---

[4] H. Crew & A. Salvio 氏英訳版も、"... we rolled along it ..." で「転がす」になっている。
[5] 慣性モーメントについてさらに知りたい読者は、資料文献の拙著『力学読本－自然は方程式で語る』（15-1節（p. 352-356））を参照のこと。

7-3　ニュートンを肩に乗せたガリレオ

　ガリレオははじめに「等速度運動」を導入し、つぎに「等加速度運動」を扱う。このことだけでなく、ガリレオの力学の捉え方全体を通して、読者のなかには著者と同じような心証をもつ方もいるかもしれない。
　それは「ニュートンの運動の3法則」との類似性である。
　つまり、3法則の原型がここにある、との印象だ。ガリレオの「等速度運動」の定義がニュートンの第1法則（「慣性の法則」）に、「等加速度運動」が第2法則（「運動の法則」）に対応していると。
　ただし、ガリレオが『新科学対話』で扱う力は地上での重力に限られ、一方、ニュートンは運動方程式で広範な力を対象とする、本質的な違いはある。
　『新科学対話』の上巻（本書では扱わなかった第二日目）では梁の力学が論じられている。その箇所では「てこの原理」が使われており、そのためニュートンの第3法則「作用・反作用の法則」の原型が登場している。
　もっとも、ニュートン力学はガリレオの研究成果の上に築かれたものである。したがって、これらの推測も強ち的外れではないだろうとの着想のもと、以下議論する。とはいえ、著者は物理学者であって科学史や科学哲学の専門家ではないので、以下はあくまでも個人的な推論である。
　虚心坦懐に向き合いたいので、二次文献にはできるだけ頼らずに、『新科学対話』にもとづいて論ずる。それは文献のいくつかをみると、現在の科学知識でもってガリレオの業績が実際の達成成果以上に修飾され、場合によっては後代に獲得された知識までが付加されて述べられていることもしばしばあるように見受けるからである。
　なお、第3法則「作用・反作用の法則」は別の機会に譲ることにする。

ニュートンの運動の第1法則

　物体は力がはたらかなければ、その運動状態を維持し続ける。静止した物体は静止を続け、運動している物体は同じ速度で運動し続ける、というのが第1法則、いわゆる「慣性の法則」である。
　「ニュートン力学」では、これは運動を記述する観測者の立ち位置である「座標系」を宣言したものとする。要するに、力がはたらかなければ物体の運動状態が変わらないでみえる座標系、いわゆる「慣性系」でもってこれから運動を記述する、との宣言である。
　メリーゴーラウンドなどは慣性系でない座標系（非慣性系）であって、回転する床

に置かれた球は力がはたらかないのに自然に外方向へ動き出す。見かけの力とよばれる遠心力がはたらくからだ。

　ガリレオはこの「慣性の法則」にどこまで迫っていたのか？　を考えよう。

ガリレオにとっての「慣性」

　ガリレオは、運動する物体に抵抗がはたらかなければ、物体は水平面上を「等速度運動」を続けるとする。物体はその運動状態を維持しようとする傾向（ガリレオ流に言えば「本性」）をもつ。すなわち、「慣性」の指摘である。

　投射体の水平方向の運動様式を導入するのが目的であった。とはいえ、「慣性」を認識していれば、たとえ、「慣性」という用語が当時は存在しなかったとしても、『新科学対話』においてこの「慣性」という運動の特性を強調し、最前面に押し出すこともできたはずである。その点が著者には大変不満に感じるところである。

　なぜならば、すでに記したように近代科学はアリストテレスの自然学を否定することからはじまったのであり、この「慣性」にもとづく「等速度運動」がその最たる例証になるからである。

　「等速度運動」の原因をアリストテレスのように運動の原因としての外力に求めるのか、あるいは「慣性」という特性に求めるのかは、それにつづく思考の展開に根本的な違いを生じる。それ故、「等速度運動」を「慣性の法則」として導入し、出発点において自分はアリストテレスの力学と異なる「新しい原理の力学」を打ち立てるのだと宣言すればもっと迫力があったのにと思うのだが、如何であろう？

　宗教裁判に代表されるように、中世ではそれは危険な行動であったため回避したのだろうか。あるいは、ガリレオ以前に「慣性」は研究者の間ですでに通念として確立していたのだろうか。文献類には「慣性の法則」の発見はガリレオに帰されているが。

　「ニュートン力学」での「慣性の法則」の核心は、「慣性」という運動の特性を述べただけのものではなく、その法則が通用する「慣性系」[6]という座標系を宣言したところにある。

　『新科学対話』では、ガリレオはこの「慣性系」を明示的に把握するまでに至っていないようだ。しかしながら、（一定の速さの）川の流れとともに下る船の上で真上に

---

　[6] 地上での落体の運動や振り子の運動などを考えるとき、通常われわれの座標系は「慣性系」であると看做す。「慣性系」に対して一定の速度で運動（等速度運動）している座標系も、やはり「慣性系」である。よって、無数の「慣性系」が存在し、すべての「慣性系」では同じ力学の法則が成り立つ。これら「慣性系」の間には「一定の速度」の違いがあるだけだ。ある「慣性系」の観測者が他の「慣性系」の物体の運動をみると、その運動は他の「慣性系」の観測者がみる物体の運動に「一定の速度」が加わったものなって見えるということである。

投げ上げた物体が、船上では真下に落下するが、岸辺からの観測者には放物線を描く軌道に見えるのだ、と議論するガリレオを描いた書き物をどこかで読んだ記憶がある。これはまさにいま流にいう座標変換であって、船上の「慣性系」の物体の運動を地上の「慣性系」から眺めているのである。『新科学対話』にはこのような記事を見い出せなかったが、これはいまのわれわれが学ぶ、いわゆる「ガリレオの相対性原理」を述べたものである。

　第I部の「等速度運動」が「ニュートンの運動の第1法則」の原型ではないかと、ひそかに期待して推量した。半分は期待が満たされたようである。
　それ以上をガリレオに望むのは酷であろう。
　ニュートンの登場までの約50年間に亘るさらなる研究の蓄積と、その熟成が必要であったのだ。

ニュートンの運動の第2法則

　物体に力がはたらくと、その運動状態は変化する。物体の速度が変る、すなわち、加速度が生じるのである。この加速度の大きさは力の大きさに比例し、物体の質量に反比例する。また、加速度の向きは力の向きである。これがニュートンの運動の第2法則、いわゆる、「運動の法則」である。代数式で表記すると、

$$m\alpha = F \quad \Rightarrow \quad \alpha = \frac{F}{m} \tag{7.5}$$

である (α は加速度)。
　ガリレオは物体の自由落下ならびに「斜面の降下」運動は「等加速度運動」であると見抜いたが、それは重力 ($F = mg$) が質量 (m) に比例するため、加速度はあらゆる物体に対して同じ大きさ ($\alpha = g$) をもつ、と「運動の法則」(式 (7.5)) が簡潔に教える。「運動の法則」は地上の落下運動のみでなく、あらゆる種類の力が作用する運動物体に適用できる汎用性をもつ。万有法則である。これはガリレオの成果をもとに、質的に異なるレベルへと飛躍したニュートンの発見である。
　「運動の法則」は微分方程式の形式をとり、その解析にはガリレオ当時では未だ存在しなかった微積分学が必要となる。ただ、ガリレオの時代にも放物線や円あるいは球などの面積や体積を細分化して求める区分求積法が基礎知識として学ばれていたのだから、たとえ概念的であったとしても、ガリレオも微積分的な考えを持たなかったか？　と問いかけたくなる。

ガリレオにとっての「運動」

1) 撃力の連なりとしての力

重力（一定の力）を小さな時間間隔 Δt に細分割し、撃力（瞬間的にはたらく力を撃力という）の連なりと捉えて、自由落下運動を考える。

静止している物体に撃力がはたらくと、物体は運動をはじめる。Δt 以降にはたらく力がないとすれば、「慣性」のため、Δt の最後の瞬間に達した速さ Δv でもって物体は「等速度運動」する。ここで暇を与えず、第 2 の同じ撃力を与えると、それは物体に速さ Δv を追加し、$2\Delta t$ 以降での速さは $2\Delta v$ となり「慣性」のため「等速度運動」する。つぎからつぎへと連続して n 回の撃力が作用すると、$t = n\Delta t$ 後には物体の速さは $v = n\Delta v$ になり、速さは時間に比例して増加する（$v = n\Delta v = (t/\Delta t)\Delta v = (\Delta v/\Delta t)t$）。

ガリレオは自由落下の「等加速度運動」をこのように捉えたのではないかと著者は推測する。

このとき、はたらく力を撃力の連なりと扱うことで、力が物体の運動をどのように変えるかという詳細な規則（法則）を知らなくてすむ。それは、Δt 内での運動の詳細を無視し、長い時間にわたる速さの全体像に視点を移して、それを滑かに内挿すると Δt 内での速さが推定できる。細分割する Δt 巾をより小さくしてゆけば、速さの詳細がより一層よくわかる（その行き着く先に、微積分を構成する無限小への極限操作 $\lim_{\Delta t \to 0}$ がある）。

必要な規則は、単に、撃力の方向に物体は動かされる、すなわち、速さが増すということだけで、撃力と速さの増加の割合についての数量的な評価は測定で決めればよい。

2) 力が変化するときの区分法

運動一般においては、はたらく力がつねに一定であるとは限らない。むしろ、力の大きさが時間とともに変化する方が一般的である。当然、力の方向も変化するが、ここでは方向は変わらないとして説明を簡易にする。

変化する力を適当な時間間隔 Δt に細分割し[7]、それぞれの Δt 内で力が一定と見做せるようにとる。Δt ごとに力の大きさは違っても一定の力がはたらくので、各 Δt だけを単独に考えれば、そこでの運動は「等加速度運動」であって、速さは時間 Δt に比例し、移動距離は時間 Δt の平方に比例する。さらに、運動と力の比例関係で知ったように (p.38)、速さと距離は力の大きさに比例する[8]。

運動開始から複数の Δt を経て達する任意の時間 t での速さは、「慣性」を考慮すると、通過したすべての Δt での速さの積み重ね（総和）であり、同様に距離も積み重ね

---

[7] 時間間隔 Δt が等しくなる必要はない。
[8] 撃力の力と時間間隔の積 ($F\Delta t$) を力積という。

で求められる。このことは、一様な力でも非一様な力の場合でも同じである。

　このような区分求積法的な考えをガリレオも思案したのでは？と著者は思い巡らす。
　しかし、これは着想であって、具現化するための言葉（数学）が当時は存在しないのである。つまり、科学として対象を代数学的に表現する手段がガリレオにはないわけである。だからといって、図形幾何では対処できない。ニュートンのように自分でその手段（微積分）を生み出さねばならないが、ガリレオは力学だけでなく天体観測など多方面の探究に魅了され、多忙過ぎた。それ以上に、時の流れはそれを可能とするほどには充分に熟していなかったのであろう。

極限操作 $\lim_{\Delta t \to 0}$ と用語「任意の」

　ガリレオが微積分の発案に至るのは無理があったとしても、それに類する考えはもっていたのではないかと上で推論したが、微積分にとって欠くことのできない区分巾（ここでは時間間隔）の無限小への移行 $\lim_{\Delta t \to 0}$ についても[9]、ガリレオは「等速度運動」の定義を通してその間際にいたのではないかと考える。

　第I部で言及しなかったが、ガリレオは「等速度運動」の定義（「任意の等しい時間間隔ごとに、物体が通過する距離が等しい直線運動」、p.13）において、任意のという用語の重要性を強調する。「任意の」がなければ、速さが Δt の周期で変動する非等速度運動であっても定義を満たし得る。それを排除するには時間間隔を、たとえば、半分にすればよいが、こんどは周期がさらに半分のものは排除できない。では、その半分に … と、この繰り返しを避けるために、どんな時間間隔でも定義が満されるべきだと「任意」を挿入するのである。これは結局、無限小の時間間隔をとることであり、$\lim_{\Delta t \to 0}$ に相当する。この最後の結論は飛躍しすぎの感はあるが、ガリレオは「等加速度運動」の部のはじめのところで時間間隔の無限小への分割などを論じているのである。

　したがって、ガリレオの「等速度運動」の定義を、速さ v が

$$v = \lim_{\Delta t \to 0} \frac{\Delta \ell}{\Delta t} = 一定 \tag{7.6}$$

である運動と言い替えることができる。左辺の等式が速さの微分記号表示 $v = d\ell/dt$ である。このとき、距離 ℓ は時間 t に比例し、$\ell = v \times t$ である。

　用語「任意の」が記されていないが、「等加速度運動」の定義（「静止状態からはじまる運動であって、等しい時間間隔ごとに等しい速さの増加を得る運動」、p.14）につ

---

[9] lim は limitation を意味する。

いても同様で、それは加速度 α が

$$\alpha = \lim_{\Delta t \to 0} \frac{\Delta v}{\Delta t} = 一定 \tag{7.7}$$

である運動と言い替えることができ、これが加速度の微分記号表示 $\alpha = dv/dt$ である。このとき、速さ v は時間 t に比例し、$v = \alpha \times t$ である。

以上は著者が陥らないように留意した事項、「ガリレオの業績を実際の達成成果以上にのちに獲得された知識までを付加して評価する」、のきらいはある。

「慣性」の認識がすべてのもと

以上のように考えると、「ニュートン力学」への道程において最も重要なことは「慣性」という運動の特性を見い出したことだ、と気づく。ただし、これは著者の見解であるが。

この「慣性」があってこそ、すなわち、「力」の作用がないときの運動則が確定されたからこそ、その対面(といめん)にある「力」が作用するときの運動様式や法則を導くことができるのである。

われわれが「ニュートン力学」を学ぶとき、運動を解析することに重点を置くものだからどうしても第 2 法則、すなわち、ニュートンの運動方程式（$m\alpha = F$）を最重要視してしまう。それはそれで間違いではないのだが、力学という構築物を建設するための土台は「慣性」の認識にある。それゆえ、「ニュートン力学」において、「慣性の法則」は第 1 法則なのである。

アリストテレスもガリレオも、手を離れた物体は落下することを認める。日常の体験からよくわかる。また、投射された物体は空気抵抗や摩擦のため減速され、いずれは止まる。詳細な自然の観察からアリストテレスは運動を妨げる動因に運動の本性を求め、「自然は真空を嫌う」と物体の背後にできる真空を埋める空気が運動の原因としての外力を作り出すと考え、運動を理解する。一方、ガリレオはそれらを非本質的なもの、運動の本性を考えるための邪魔ものとして除外し、空気抵抗のない理想的な状況を取り扱う。状況を単純化するわけである。

アリストテレス学の発想に囚われている限りは、近代の力学へは永遠に辿り着かなかったであろう。

力がはたらかなければ静止している物体は静止を続けることは、日常の活動を通して誰もが知る。では、力がはたらかなければ運動している物体は等速度に運動を続ける、ということをいつ、だれが、如何にして、知り得たのであろう？　たぶん特定の時代ではなく、特定の個人でもなく、数世紀（あるいはもっと長い歳月）にわたる思索

や観測の積み重ねの結果であろうか。その具体的な歴史推移は勉強不足で著者は知らない。

　運動に対して抵抗力がはたらく現実の環境下で、どのようにして力がはたらかず、かつ等速度運動をする環境を作り出せたのか、非常に不思議である。仮に、それが仮想的な推論としてもである。

　摩擦の少ない平面で物体を動かせば、摩擦が少なければ少ないほど速さを失わず遠くまで運動する。この事実を拡張すれば、「慣性」の考えにたどり着くだろうから、著者が言うほど不思議な発見でもない、と読者は考えるだろうか？　あるいは、そうかも知れない。

以上、本章ではガリレオがもう一歩踏み出せば捉（つか）めたと推測する大きなステップを論じた。なぜ、ガリレオはそれを捉めなかったのか、試みなかったのか？

　歴史を振り返り、後知恵で考えるわれわれにとっては容易に見える一歩も、時の流れの中にあるガリレオには英知のとどかないところであったのだろう。

　この時代までに蓄積され培養された科学知識が、熟成し、それらの内圧が高まって「ガリレオ」という個人を通して時代の表面に噴出したのが、ここで扱った『新科学対話』の研究成果である。ガリレオによる望遠鏡の作成とそれをつかっての天体観測の成果もまた、この時代の脈打つ息吹なのだ。

　上で述べた「ガリレオが阻まれたもの」は、この意味でガリレオの目前に横たわりながらも、しかし、形をなすにはさらなる醸成期間が必要であった事柄といえる。

　それらはほぼ50年後に、「ニュートン」の名のもとで登場することをいまのわれわれは知っている。

付　録

付録 A

距離と時間と速さと辺の長さ

A-1 尺度基準が変わったとき

問 29 (p.89) では 2 つの尺度基準を混合して扱っている。

式 (5.48)：$cd/2 = ce = \sqrt{ab \times bc}$ は速さと時間の尺度基準として v_{ab} と t_{ab} を長さ ab で表し、それに対し、式 (5.49)：$v_d = ab + bc$ は v_{ac} と t_{ac} を長さ ac で表している。

この異なる尺度基準と距離、速さ、時間の関係について述べる。

距離と尺度基準

まず、距離（巾）についてである。

対象は「頂高」ab、「高さ」bc、「巾」cd（=2 ce）の放物線とする。

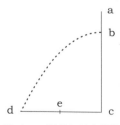

図 **A.1** 距離と尺度基準

(1) a からの静止ではじまる ab を落下するに要する時間 t_{ab} ならびに b での速さ v_{ab} をそれぞれ時間と速さの基準とし長さ ab で表すと、b からの静止ではじまる bc を落下するに要する時間 t_{bc} は

$$\frac{t_{bc}}{t_{ab}} = \frac{\sqrt{bc}}{\sqrt{ab}} = \frac{\sqrt{ab \times bc}}{ab} \tag{A.1}$$

ab と bc の比例中項となる。上式の分母分子に v_{ab} を掛けると、

$$\frac{v_{\mathrm{ab}} \times t_{\mathrm{bc}}}{v_{\mathrm{ab}} \times t_{\mathrm{ab}}} = \frac{2\sqrt{\mathrm{ab} \times \mathrm{bc}}}{2\mathrm{ab}} = \frac{\mathrm{cd}\ (= 2\mathrm{ce})}{2\mathrm{ab}} \qquad (\mathrm{A}.2)$$

を得る。$v_{\mathrm{ab}} \times t_{\mathrm{ab}}$ は $(\mathrm{ab})^2$ ではなく、2ab である (2) 水平通過距離は落下距離の 2 倍 ... 命題 ①、p.69)。「比」の分母分子に同じものを掛けても、「比」の大きさは変化しない。

しかし、それらの力学的意味は変わる。

式 (A.2) の分母分子は速さ×時間でともに距離を表す。分母は ab の 2 倍の距離であり、分子が「巾」(cd) に相当する。

(2) こんどは、b からの静止ではじまる bc を落下するに要する時間 t_{bc} ならびに c での速さ v_{bc} をそれぞれ時間と速さの基準とし長さ bc で表す。くどくなるので、式だけを記す。

$$\frac{v_{\mathrm{ab}}}{v_{\mathrm{bc}}} = \frac{\sqrt{\mathrm{ab}}}{\sqrt{\mathrm{bc}}} = \frac{\sqrt{\mathrm{ab} \times \mathrm{bc}}}{\mathrm{bc}} \quad \Rightarrow \quad \frac{v_{\mathrm{ab}} \times t_{\mathrm{bc}}}{v_{\mathrm{bc}} \times t_{\mathrm{bc}}} = \frac{2\sqrt{\mathrm{ab} \times \mathrm{bc}}}{2\mathrm{bc}} = \frac{\mathrm{cd}\ (= 2\mathrm{ce})}{2\mathrm{bc}} \quad (\mathrm{A}.3)$$

を得る。

ここでも、等速度 v_{ab} で時間 t_{bc} の間に水平移動する距離は $2\sqrt{\mathrm{ab} \times \mathrm{bc}}$ である。

(3) 最後に、a からの静止ではじまり連続して ac を落下するに要する時間 t_{ac} ならびに c での速さ v_{ac} をそれぞれ時間と速さの基準とし長さ ac で表すと、

$$\frac{v_{\mathrm{ab}}}{v_{\mathrm{ac}}} = \frac{\sqrt{\mathrm{ab}}}{\sqrt{\mathrm{ac}}} = \frac{\sqrt{\mathrm{ab} \times \mathrm{ac}}}{\mathrm{ac}},\ \frac{t_{\mathrm{bc}}}{t_{\mathrm{ac}}} = \frac{\sqrt{\mathrm{bc}}}{\sqrt{\mathrm{ac}}} = \frac{\sqrt{\mathrm{bc} \times \mathrm{ac}}}{\mathrm{ac}} \qquad (\mathrm{A}.4)$$

$$\Rightarrow \quad \frac{v_{\mathrm{ab}} \times t_{\mathrm{bc}}}{v_{\mathrm{ac}} \times t_{\mathrm{ac}}} = \frac{2\sqrt{\mathrm{ab} \times \mathrm{bc}}}{2\mathrm{ac}} = \frac{\mathrm{cd}\ (= 2\mathrm{ce})}{2\mathrm{ac}} \qquad (\mathrm{A}.5)$$

を得る。

ここでも、等速度 v_{ab} で時間 t_{bc} の間に水平移動する距離は $2\sqrt{\mathrm{ab} \times \mathrm{bc}}$ である。

距離の「比」である分子の $v_{\mathrm{ab}} \times t_{\mathrm{bc}}$ は、分母の尺度基準を 2ab にとるか、2bc にとるか、2ac にとるかに左右されず、つねに

$$v_{\mathrm{ab}} \times t_{\mathrm{bc}} = 2\sqrt{\mathrm{ab} \times \mathrm{bc}} \qquad (\mathrm{A}.6)$$

なのである。

これは、距離はもともと長さの次元であるため、長さの「比」を構成するにおいては長さは長さであって、分母（尺度基準長）の影響を直接受けないことを示しているだけである。

ただし、当然、尺度長（＝単位長）が変れば、「比」の大きさは変る。

1 m に相当する長さ（分子）は、メートル単位では「比」は 1 であり、センチメー

トル単位では「比」は 100 であり、尺単位（1 尺=0.303 m）では「比」は 3.30 であり、寸単位（1 寸=0.1 尺=0.030 m）では「比」は 33.00 であるように、分母は変わっても、分子の長さは変らず、「比」だけが変わるということである。

これが式 (5.48)：$cd/2 = ce = \sqrt{ab \times bc}$ である。

速さならびに時間と尺度基準

距離とは異なり、速さならびに時間はもともとが距離（長さ）の平方根であるため、「比」を構成するにおいては、式 (A.1), 式 (A.3) の左式, 式 (A.4) に示すように、尺度の影響を受ける。

これ以上の説明は必要ないであろうが、理解度を確かめるため、尺度基準を ab あるいは bc あるいは ac にとり、端点 d の速さ v_d を長さの「比」の形で構成して、上の事項を検討してみよう（尺度基準が ac であるときは問 28 で行った）。

尺度基準 v_X を X(ab あるいは bc あるいは ac) で表せば、v_d についての長さの「比」は

$$\frac{v_d}{v_X} = \frac{\sqrt{ac \times X}}{X} \tag{A.7}$$

と表示できる。尺度が $X=ac$ であるときのみが、端点 d の速さ v_d は長さ ac として表示できるのであり、$X=ab$ あるいは bc では v_d の長さも「比」の大きさも異なる。

尺度基準間の換算

では、異なる尺度基準間の速さならびに時間の換算はどうなるのか？

たとえば、速さ v_{ab} を辺の長さで表示するとき、尺度基準を $v_{bc} = bc$ から $v_{ac} = ac$ へ変化するにはどうすればよいか、ということである。

下式の括弧で示したように、基準の長さの比を変換係数[1]としてやればいいのだろうか？

$$\frac{v_{ab}}{v_{bc}} \quad \Rightarrow \quad \frac{v_{ab}}{v_{ac}} = \frac{v_{ab}}{v_{bc}} \times \left(\frac{bc}{ac}\right) \quad ? \tag{A.8}$$

であろうか？

確かめよう。上式は

---

[1] 前出の「換算係数」と混同しないように、「変換係数」とよぶことにする。

$$\frac{v_{\mathrm{ab}}}{v_{\mathrm{ac}}} = \frac{v_{\mathrm{ab}}}{v_{\mathrm{bc}}} \times \left(\frac{\mathrm{bc}}{\mathrm{ac}}\right) = \frac{\sqrt{\mathrm{ab} \times \mathrm{bc}}}{\mathrm{bc}} \times \frac{\mathrm{bc}}{\mathrm{ac}} = \frac{\sqrt{\mathrm{ab} \times \mathrm{bc}}}{\mathrm{ac}} \tag{A.9}$$

これでは式 (A.4) の左式を得られないから正しくない。

速さと時間は距離（長さ）の平方根に比例するのであるから、変換係数は平方根の比の形になる。すなわち、

$$\begin{aligned}\frac{v_{\mathrm{ab}}}{v_{\mathrm{ac}}} &= \frac{v_{\mathrm{ab}}}{v_{\mathrm{bc}}} \times \left(\frac{\sqrt{\mathrm{bc}}}{\sqrt{\mathrm{ac}}}\right) = \frac{\sqrt{\mathrm{ab} \times \mathrm{bc}}}{\mathrm{bc}} \times \left(\frac{\mathrm{bc}}{\sqrt{\mathrm{ac} \times \mathrm{bc}}}\right) = \frac{\sqrt{\mathrm{ab} \times \mathrm{ac}}}{\mathrm{ac}} \\ &= \frac{\sqrt{\mathrm{ab} \times \mathrm{bc}}}{\mathrm{bc}} \times \left(\frac{\sqrt{\mathrm{bc} \times \mathrm{ac}}}{\mathrm{ac}}\right) = \frac{\sqrt{\mathrm{ab} \times \mathrm{ac}}}{\mathrm{ac}}\end{aligned} \tag{A.10}$$

である。

上の行では変換係数を長さ bc を基準にとって表し、下の行では変換係数を長さ ac を基準にとって表しただけで、両者は同じものである。

時間と速さはこのように尺度基準をつねに意識しながら、「比」の形で考える必要がある。

A-2　ガリレオ力学の構成論理

本文を読み終えて読者はどのように感じられただろうか。図形幾何にもとづいてガリレオはなんともうまくやるもんだ、と感心するであろう。ここに本文の要点を箇条書きにまとめる。

すべては「（等加速度運動では）降下時間は通過距離の平方根に比例する」にもとづく。

斜面と鉛直面の降下

① 鉛直面あるいは斜面の片方だけの降下運動では取り立てて面白くもないが、「斜面の力の規則」を橋渡しとして、両者の降下運動を統一的視点に立って検討する。

さらに、静止からはじまる運動だけでは単純過ぎ、かつ一般性に乏しいので、初速度をもつ両降下運動に対象を拡げる。

② 斜面の傾斜角という 1 つの自由度（任意性）の登場にともなって「速さ一定の法則」を導入する。

これは斜面ならびに鉛直面の降下速度の間の約束事となる。そのため、「斜面の

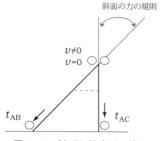

図 A.2　斜面と鉛直面の降下

降下」においては 3 つの基本力学量の内、時間と距離についての法則性が課題となり、速さは主な対象から外れる。

③ 斜面あるいは鉛直面の降下は、それぞれ単独の降下運動として解析できるが、それらの運動のあいだを関連づけるのが＜速さ一定の法則＞であり、両者の異なる尺度基準を合わせることが可能となる。

④ あとは、「時間は降下距離の平方根に比例する」にもとづいて比例中項を介在させ、幾何を通して、いろいろと降下時間の比と降下距離の比を関連付けさせる。

放物線運動

① 投射体の運動を記述するのに必要な力学量は、落下時間 (t_{bc}) と水平ならびに鉛直速度 (v_{ab} と v_{bc}) であるが、水平等速度 (v_{ab}) を a からの静止ではじまる落下運動 (a → b) の速さで置き換える。

これは、斜面の降下の初速度を静止からはじまる鉛直落下の速度でつくりだした手法の拡張版である。

上の落下運動 (a → b) とは別に、b からの静止にはじまる落下運動 (b → c) で投射体の鉛直方向の運動を扱うが、両者ともに静止にはじまる等加速度落下運動のため、比例中項 $\mathrm{bs} = \sqrt{\mathrm{ab} \times \mathrm{bc}}$ を介して相互の関係づけができる。

たとえば、長さ bc を尺度基準にとれば、

$$\frac{v_{ab}}{v_{bc}} = \frac{t_{ab}}{t_{bc}} = \frac{\mathrm{bs}\,(=\sqrt{\mathrm{ab} \times \mathrm{bc}})}{\mathrm{bc}} \tag{A.11}$$

となる。

② 放物線の底 cd は、物体が落下する時間 (t_{bc}) の間に水平等速度 (v_{ab}) で移動する距離であるで、それは $\mathrm{cd} = v_{ab} \times t_{bc}$ であって、式 (A.11) の第 1 番目の等式の分母分子に t_{bc} を掛けても、第 2 番目の等式の分母分子に v_{ab} を掛けても、

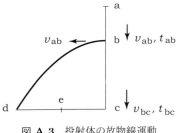

図 **A.3** 投射体の放物線運動

分子は cd となり、それはちょうど比例中項の 2 倍

$$\mathrm{cd} = 2\mathrm{bs} \ (= 2\mathrm{ce}) \tag{A.12}$$

を得る（5-3 節, p.67- 71 で詳しく説明した）。

水平速度 (v_{ab}) と鉛直速度 (v_{bc}) は本来的にはまったく無関係で独立したものであるが、上式の関係を通して相関をもつことになる。すなわち、放物線軌道を表す要素、頂高 ab と高さ bc と底 cd、の間に関係ができる。

しかし、3 つの変数に対して相関式は 1 つであるので、相関はできても軌道が一義的に決まるのではなく、多くの解が存在し、投射体のいくつかの特性を楽しめる。

③ 上式 (A.12) が得られるのは、速さならびに時間の尺度基準が等しくとられているのが味噌であるが、それを可能としたのは「等加速度運動では速さは時間に比例する」特性をさらに「比」の形で活かした結果なのだ。

これは原理的に、図形幾何の取り扱いに由来するものである。

④ 斜面の降下で活躍した＜速さ一定の法則＞に代わるものは、ここでは「放物線の初歩的な命題-2」が相当する。

また、斜面の降下では時間と距離に関する斜面と鉛直面の相互関係が議論されたが、ここでは「放物線の初歩的な命題-2」が＜速さ一定の法則＞のように力学量を強く束縛することがないので、速さ、時間、距離の 3 つの力学量の相関関係に変化の巾が増えることになる。

付録 B

問 14-18 (p.54- 56) の解法

問 14 の解法

鉛直落下においては、時間 t_{AC} を時間の尺度として AC で表すと、t_{AB} は長さ AR である。

$$\frac{t_{AB}}{t_{AC}} = \frac{AR}{AC} \quad (B.1)$$

斜面の降下においては、時間 t_{ED} を時間の尺度として ED で表すと、t_{BD} は長さ SD である。

$$\frac{t_{BD}}{t_{ED}} = \frac{t_{ED} - t_{EB}}{t_{ED}} = \frac{ED - ES}{ED} = \frac{SD}{ED} \quad (B.2)$$

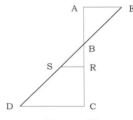

図 **B.1** 問 14

AR は AB と AC の比例中項であり、ES は EB と ED の比例中項である。

また、鉛直落下と斜面の降下の間の時間の尺度基準には

$$\frac{t_{ED}}{t_{AC}} = \frac{ED}{AC} \quad (B.3)$$

の関係があるので、これを通して時間の尺度基準の長さを AC に共通化できる。

つまり、これらの比を用いると、

$$\frac{t_{AC}}{t_{ABD}} = \frac{t_{AC}}{t_{AB} + t_{BD}} = 1 \Big/ \left(\frac{t_{AB}}{t_{AC}} + \frac{t_{BD}}{t_{ED}} \times \frac{t_{ED}}{t_{AC}} \right) = \frac{AC}{AR + SD} \quad (B.4)$$

を得る。

問 15 の解法

前問同様に、鉛直落下、斜面の降下、さらに両者の時間の尺度基準の関係を示す 3 つの比で、問題の通過時間の比を書き表すと、

$$\frac{t_{AB}}{t_{BD}} = \frac{t_{AB}}{t_{AC}} \times \frac{t_{ED}}{t_{BD}} \times \frac{t_{AC}}{t_{ED}} \quad (B.5)$$

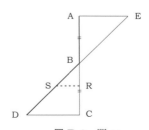

図 **B.2** 問 15

となる。

斜面 AC と ED は傾斜角が異なるので、これらの降下は共に「等加速度運動」であるが、はたらく力の大きさが異なり速さの増加のしかたは違う。そこで、降下時間を求めるにおいては、同一の斜面における降下時間の「比」(t_{AB}/t_{AC}, t_{ED}/t_{BD}) をまず考え、その後に、異なる斜面間の尺度基準の違いを考慮して ($t_{AC}/t_{ED} = AC/ED$)、時間の尺度基準を統一すればよい。これが式 (B.5) を 3 つの時間の「比」で書き表したわけである。

鉛直落下時間の比は $t_{AB}/t_{AC} = AR/AC (= AB/AR)$、斜面の降下時間の比は $t_{ED}/t_{BD} = ED/SD (= ES/BS)$ であり、両者の時間の尺度基準の比は AC を落下する時間を長さ AC で表せば、斜面 ED を降下する時間は長さ ED で表せるわけで、$t_{AC}/t_{ED} = AC/ED (= AB/EB)$ である。したがって、式 (B.5) は

$$\frac{t_{AB}}{t_{BD}} = \frac{AR}{AC} \times \frac{ED}{SD} \times \frac{AC}{ED} = \frac{AR}{SD} \tag{B.6}$$

$$\left(= \frac{AB}{AR} \times \frac{ES}{BS} \times \frac{AR}{ES} = \frac{AB}{BS} \right) \tag{B.7}$$

となる。時間の比の表し方は一意的でなく、( ) 内に記した表し方でもよい。

$t_{AB} = t_{BD}$ を満すには式 (B.6) から

$$AR = SD \quad (AB = BS) \tag{B.8}$$

であればよく、AB=BC の条件から成り立つ関係 AC=2AB, ED=2EB=2BD を用いて、$AR = \sqrt{AB \times AC} = \sqrt{2} AB$ ならびに $SD = ED - ES = ED - \sqrt{EB \times ED} = (2 - \sqrt{2}) BD$ と書き換えれば、

$$BD = (\sqrt{2} + 1) \times AB \tag{B.9}$$

を得る (AB=BS を用いてもよい)。

問 16 の解法

AB=BC の条件がないが、降下時間の比は前問と同じく $t_{AB}/t_{BD} = AR/SD = AB/BS$ となる。この比が 1 に等しいのだから、AB を長さがわかっている BD と BC だけで書き出せばよい。

ここでは後者の比 AB/BS を用いよう。

AB=BS=ES-EB (ES=$\sqrt{EB \times ED}$) を書き直す。このとき、鉛直面の長さと斜面の長さの間には式 (4.25) の関係が成り立つので、$EB = AB \times BD/BC$、

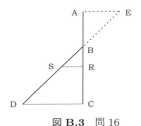

図 **B.3** 問 16

ED = EB + BD を用いるとよい。

$$AB = \frac{(BD)^2}{(2 \times BD + BC)} \tag{B.10}$$

を得る。これが答えである。

上の解法はガリレオ流を多少変形し、簡単にしたものである。

なお、上式を逆に書き表せば、

$$BD = \left(\sqrt{1 + \frac{BC}{AB}} + 1\right) \times AB \tag{B.11}$$

であり、AB=BC のとき、問 15 の解 (式 (B.9)) を得る。

問 17 の解法

t_{BD} と t_{BC} の比を問 15 の解法で記したように書き出すと、

$$\frac{t_{BD}}{t_{BC}} = \frac{t_{EB}}{t_{BC}} \times \frac{t_{AB}}{t_{BC}} \times \frac{t_{ED}}{t_{AB}}$$
$$= \frac{BS}{EB} \times \frac{EB}{AB} \times \frac{AB}{BR} = \frac{BS}{BR} \tag{B.12}$$

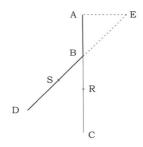

図 B.4 問 17

となり、$t_{BD} = t_{BC}$ を満すには BS=BR であればよく、この関係から BC の長さを求めればよい。

そこで、鉛直落下に関する比例中項の関係を t_{AB} と t_{AC} の比の形で書き表し、BR を既知の長さ AB と関連づける。

$$\frac{t_{AC}}{t_{AB}} = \frac{AR}{AB} = \frac{RC}{BR} \tag{B.13}$$

上式右辺は式 (3.9) である。

辺の長さ AB、BS がわかっているので、BC は

$$BC = BR + RC = BS + BS \times \frac{AR}{AB} = BS \left(1 + \frac{AB + BS}{AB}\right)$$
$$= \frac{BS \times (2AB + BS)}{AB} \tag{B.14}$$

を得る。

問 18 の解法

AE は水平線、R と S は各々の線上の比例中項である ($AR = \sqrt{AB \times AC}$、$ES = \sqrt{EB \times ED}$)。

さて、前半は円の直径と弦を降下する時間の関係（問 10, p.48）をすぐに思い出すであろう。したがって、∠BDC は直角である。

そうすると、△ABE と △BDC は相似であって、AB : BD = EB : BC、つまり、

$$BD \times EB = AB \times BC \quad (B.15)$$

の関係がある。

このもとで、物体が速さをもって B から降下をはじめるときは $t_{BD} < t_{BC}$、すなわち、BS<BR となることを証明するのである。

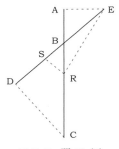

図 **B.5**　問 18 (2)

ガリレオはそれを ∠BRS が ∠BSR より小さいことを示して、対辺の長さの関係として BS<BR を導く。

以下、論理は多少巧妙だが、やっていることは単純である。

ES と AR が比例中項であること、△ABE と △BDC が相似であることから

$$ES^2 = EB \times ED = EB^2 + BD \times EB$$
$$AR^2 = AB \times AC = AB^2 + AB \times BC \quad (B.16)$$

を得る。両式の差をとると $ES^2 - AR^2 = EB^2 - AB^2 = AE^2$ (式 (B.15) を用いた) となり、$ES^2 = AE^2 + AR^2$ を得る。これは直角 3 角形 △ARE にピタゴラスの定理を適用すると、ER^2 でもあることがわかる。すなわち、ES=ER である。

よって、△ESR は 2 等辺 3 角形であって、∠BSR と ∠SRE は等しく、∠SRB は ∠BRE の分だけ ∠BSR より小さい。

ゆえに、BS<BR であって、それは $t_{BD} < t_{BC}$ であることを証明する。

あとがき

　正直に言えば、本書執筆の以前に著者は幾度も『新科学対話』に跳ね返された。
　その理由は「はじめに」に述べたように、インペトゥスをはじめとする力学用語の未確定さ、ならびに図形と文章を対応させる煩雑さにある。拙著『力学読本－自然は方程式で語る』の執筆の終わりごろに資料調べをしているとき、加藤勉著『ガリレオ・ガリレイの「二つの新科学対話」静力学について』が目に留まったのである。
　そこでは『新科学対話』の第2日目、梁の静力学を扱っている。本書が扱う動力学においては通過距離は時間の平方に比例する「等加速度運動」が中心モチーフだが、ここでは力のモーメントにもとずく力のつり合いがそれに対応する。現代訳で、かつニュートン力学による解法を合わせて記し、非常にわかりやすい。特に、大きな生物は自重を支えるために力学的観点から、如何なる身体的構造を満たさねばならないか、あるいは建築物の梁構造において余裕のある部分を切削して重量を軽減し、利用空間を広げる事項など、400年前にガリレオはすでにこんなことを考えていたのかと驚かされもした。
　この加藤勉氏の著作により『新科学対話』の面白さを確信でき、一層強い魅力を感じ、その読破への再チャレンジの気力が生まれた。
　それでも、『新科学対話』、特に動力学についてはやはり一筋縄には行かなかった。
　用語、文意、論理の理解には幾度も幾度も行ったり来たりし、数えられないほど読み直した。できるだけガリレオの考えを純度高く捉えようとしたが、どうしても現在の力学知識が既成概念として『新科学対話』に被さってきた。
　本書で扱った動力学の部は、静力学の部とずいぶんと趣きを異にし、「はじめに」で述べたように、特に、図形幾何によるアプローチが圧巻である。この手法の醍醐味を味わうため、ニュートン力学による解法はできるだけ遠ざけることにした。
　また、歴史的な制約事情を除くことによっても『新科学対話』は相当読みやすくなったと自負するが、いかがであろうか。ガリレオの動力学を、特にその図形幾何からの解析法の面白さを、読者とともに楽しむという観点を貫けたつもりである。

　本書の第3、4章で扱う「斜面の降下」は問18（原典『新科学対話』では"命題16 定理13"と記された小節）で終えたが、原典では"命題38 問題16"まで続いている。

図形幾何の面白みを知るにはそれで充分と判断したためである。本書の読者はすでに充分な実力が身に付いているはずなので、これから先は本書に頼る必要はなく、読者自身でチャレンジしてみるのが楽しいであろう。

　読者の健闘を祈る。

　最後になるが、欧州素粒子原子核研究機構 (CERN) で素粒子研究に邁進されている高橋悠太さん（スイス・チューリッヒ大学）には、お忙しい中原稿を精読いただき、細部に亘り、いろいろの意見、提案、批評をいただいた。ここに記して感謝します。

　また、はるかぜ書房編集部の北山毅さん、木村洋平さんには文書表現など専門家の立場から多くの指導、意見をいただいた。お礼申します。

　　追記

　著者が無名である上に不況下の出版業界では本書のような内容物は敬遠され勝ちなため、初稿を完成してからはるかぜ書房（株）さんに巡り合うまでに丸5年も費やすことになった。しかしながら、結果的にはその期間は有意義にはたらき、『新科学対話』についての視点やその論理構成などを度重ねて再考し、いくども大きく改訂することができ、最終的に本書のかたちにまとめることができた。

　吉田信夫著『ガリレオ・ガリレイは数学でもすごかった!? 数学から物理へ名著「新科学対話」からの出題』技術評論社という類する書が1年ほど前に出版されていると、出版準備の過程で編集部から連絡があった。世の中には自分と同じような考えの者が少なくとも3人いるといわれる。『新科学対話』の面白さを世に広く知らせたいと著作する加藤勉氏と吉田信夫氏と著者もそうなのであろう。『新科学対話』の中でガリレオが定理や系として証明する命題を「問」として扱う発想は吉田氏と共通していて、うれしくなってしまう。しかし、両者の想いは同じでも、両書を比べれば分るようにその重点の置き方、アプローチは全く異にしているので、本書は吉田本と別様な書として扱って欲しい。

2018年2月

著者

資料文献

『新科学対話』（上、下）
　　　　ガリレオ・ガリレイ 著、今野 武雄・日田 節次 訳（岩波文庫、1948 年）
『Dialogues Concerning Two New Sciences』
　　　　Galileo Galilei 著，Henry Crew & Alfonso de Salvio 訳
　　　　（DOVER PUBLICATIONS, INC., NEW YORK, 1954）
『ガリレオ・ガリレイの「二つの新科学対話」 静力学について』
　　　　加藤 勉 著（鹿島出版会、2007 年）
『レ・メカニケ 世界の名著 21』
　　　　ガリレオ・ガリレイ 著、豊田 利幸 訳（中央公論社、1973 年）
『力学対話 世界大思想全集 44』
　　　　ガリレオ・ガリレイ 著、岡 邦雄 訳（春秋社、1931 年）
『ガリレオ　人類の知的遺産 31』
　　　　伊東俊太郎 著（講談社、1985 年）
『ガリレオ・ガリレイ　宗教と科学のはざまで』
　　　　J. マクラクラン 著、野本 陽代 訳（大月書店、2007 年）
『ガリレオ研究』
　　　　A. コイル 著、菅谷 暁 訳（法政大学出版局、1988 年）
『力学の発展史』
　　　　M. フィールツ 著、喜多 秀次、岡村 松平 訳（みすず書房、1977 年）
『思想としての物理学の歩み（上）』
　　　　F．フント 著、井上 健、山崎 和夫 訳（吉岡書店、1982 年）
『近代科学の源流』
　　　　伊東俊太郎 著（中央文庫、2007 年）
『思想史のなかの科学』
　　　　伊東俊太郎、広重徹、村上陽一郎 著（平凡社、2002 年）
『現代物理学小事典』
　　　　小野周 監修（講談社、1993 年）

『物理学辞典』
　　　　（培風館、1992 年）
『アイザック・アシモフの 科学と発見の年表』
　　　　アイザック・アシモフ 著、 小山 慶太・輪湖 博 訳（丸善、1992 年）
『知の歴史』
　　　　ブライアン・マギー 著、日本語版監修 中川 純男（BL 出版、1999 年）
『力学読本－自然は方程式で語る』
　　　　大島 隆義 著 （名古屋大学出版会、2012 年）
『ガリレオ・ガリレイは数学でもすごかった!?　数学から物理へ名著「新科学対話」からの出題 』
　　　　吉田 信夫 著 （技術評論社、2016 年）

索　引

あ　行

アポロニウス（Apollonius）　57
　——の円錐曲線　57
アリストテレス（Aristotle）　1, 109, 116
1 ではじまる奇数列　4, 19, 106
インペトゥス（impetus）　6, 34, 39
　　インペト（impeto）　67
円錐曲線　58, 75

か　行

ガリレオの 3 角形と円　43
ガリレオの相対性原理　117
換算係数　75, 77, 126, 127
慣性　116, 118
　「慣性の法則」と「慣性系」と「ガリレオの相対性原理」　116
　——系　115, 116
　——質量　111
　「慣性」の認識がすべてのもと　120
　——抵抗　66
　——の法則　13, 115
　——モーメント　114
幾何学　i
仰角　83, 92, 95
空気抵抗　66
系　5
傾斜角　26, 29, 32, 99, 127
公準　5, 33
　——とエネルギー保存　38
公理　5

さ　行

座標系　115
　慣性系　115
　直交（デカルト）——　16
　非慣性系　115
時間　3, 23, 25
　——間隔　4, 13
　——の尺度基準　40
　「速度ならびに——」と尺度基準　126
　——と辺の長さ　40
　——の基準　69, 78, 90, 124
　——の単位　6
　——の比　52
　——の変化率　4
　——の平方に比例　16
次元　6, 75, 77
仕事　27–30, 39
質量　29, 67
　重さと——　108
　重力——と慣性——　109

　——の着想　108
尺度基準　19, 70, 77, 90
　——が変わったとき　124
　——間の換算　126
　時間の——　40
　——（単位）　24
　——を合わせる　128
斜面の降下　4, 26, 31, 32, 37, 68, 102, 128
　斜面を転がる、あるいは滑る？　113
斜面の実験　2, 3, 14, 98, 101, 103, 111, 113
斜面の力の規則　27, 29, 32, 35, 104, 127
終端速度　66
自由度（degree of freedom）　32, 127
自由落下運動　3, 14, 24, 71, 111, 118
重力加速度　4, 29, 78, 108, 112
出射速度　92, 95
初速度　50–52, 92, 127
ステヴィン（Simon Stevin）　2
正弦関数　30
速度（速さ）
　「——ならびに時間」と尺度基準　126
　——の基準　69, 72, 84, 88, 90, 124
　——の合成　67
　——の視点　37

た　行

第 3 比例項　20, 22, 36, 37, 41
弾道　83
　——は 2 つ　83
　——は無数　86
力
　——のつり合い　29
　——の分解　30, 38
　定義　5
　定理　5
デカルト（Rene Descartes）
　——座標系　16
等加速度運動　4, 14, 16, 20, 31, 37, 57, 63, 101, 105
　——の定義　14
投射体の運動　8, 11, 23, 57, 58, 68, 128
等速度運動　5, 8, 11, 13, 16, 57
　——の定義　13

な　行

ニュートン（Isaac Newton）　i, 2
ニュートン力学　115
　第 1 法則（慣性の法則）　13, 115
　第 2 法則（運動の法則）　117
　第 3 法則（作用・反作用の法則）　115

は　行

速さ一定の法則　26, 33, 35, 38, 127
比　17-20, 22, 32, 37, 50, 74, 112, 125, 129
　　——を使うことの利点　23, 24
ピサの斜塔の実験　i, 3, 106, 109–111
ピタゴラスの定理　67
比例
　　平方根に——　20
　　平方に——　20
比例中項　21, 25, 54, 69, 78, 80
フィロポヌス　2
フック（Robert Hooke）　2
振り子　33, 35, 66, 116
平均
　　幾何——　21
　　相加——　62, 91
　　相乗——　21, 62, 91
　　——値　16, 100
辺の長さ　23, 27, 29, 46, 74
砲弾　79
　　——の最高度　94
　　——の出射速度　79
　　——の到達距離　92
　　——は最も遠くに飛ぶ　82
放物線　59
　　——運動　71, 82, 128

——運動のガリレオ流扱い方　71
——軌道　11
——軌道上での速度の求め方　73
水平等速度と鉛直等加速度の運動は——軌道　63
——の高さ　72, 78, 80, 94, 95
——の頂高　71, 78, 80, 95
——と接線　60
——の初歩的な命題－1　59
——の初歩的な命題－2　60, 129
——の巾　72, 78, 80, 92, 94
補助定理　46

ま 行

命題　5

や 行

（運動の）様式　13, 15, 19, 113, 120

ら 行

落体の運動　4, 116
力学の原理　46
力学量　i

計算用紙

計算用紙

計算用紙

計算用紙

計算用紙

計算用紙

計算用紙

計算用紙

計算用紙

計算用紙

■著者略歴

同志社大学工学部電子工学科卒業、名古屋大学大学院理学研究科博士課程修了。米国ロチェスター大学研究員、東京大学原子核研究所助手、高エネルギー物理学研究所助教授などを経て、名古屋大学大学院理学研究科素粒子宇宙物理学専攻教授。理学博士。現在、名古屋大学名誉教授。
主著『自然は方程式で語る――力学読本――』、『電磁気学読本――「力」と「場」の物語――（上・下）』（ともに名古屋大学出版会）ほか。

君もガリレオになる
『新科学対話』（動力学）：落下運動を図形幾何で解き明かす
ISBN978-4-9908508-4-5
平成30年4月7日 初版第1刷発行
著　者：大島　隆義
発行人：鈴木　雄一
発行所：はるかぜ書房株式会社
　　　　〒140-0001 東京都品川区北品川1-9-7 トップルーム1015号
　　　　TEL.: 050-5243-3029　　DataFax: 045-345-0397
　　　　E-mail: info@harukazeshobo.com　　http://www.harukazeshobo.com
印刷所：三創印刷株式会社

定価はカバーに表示してあります。乱丁・落丁本がありましたらお取替えいたします。本書の内容の一部あるいは全部を無断で複製複写（コピー）することは、法律で認められた場合を除き、著作権および出版権の侵害になりますので、その場合は、あらかじめ小社宛に許諾をお求めください。